全域风景化：

新时期县域规划建设理念及发展路径探索

广东省城乡规划设计研究院 组织编写

蔡克光 邢谷锐 编 著

中国建筑工业出版社

图书在版编目（CIP）数据

全域风景化：新时期县域规划建设理念及发展路径探索 / 广东省城乡规划设计研究院组织编写；蔡克光，邢谷锐编著 . — 北京：中国建筑工业出版社，2019.7

ISBN 978-7-112-23769-2

Ⅰ.①全… Ⅱ.①广…②蔡…③邢… Ⅲ.①城市规划 — 研究—中国 Ⅳ.① TU984.2

中国版本图书馆 CIP 数据核字（2019）第 095650 号

本书介绍了新时期县域规划建设理念——全域风景化的概念，结合具体案例，对其具体发展路径进行了探索和实践，内容共有 6 章，分别是："全域风景化"概念及内涵解析，"全域风景化"的提出和政策演进，"全域风景化"相关研究与实践综述，"全域风景化"与佛冈村镇建设探究，"全域风景化"战略与佛冈部门规划工作的衔接，总结:后发地区村镇实现"全域风景化"基本路径。

本书适用于城市规划师和相关规划编制人员、城市规划管理者，高等院校城市规划、建筑学、地理学、管理学等专业师生参考使用。

责任编辑：毋婷娴　万　李
责任校对：赵听雨

全域风景化：新时期县域规划建设理念及发展路径探索
广东省城乡规划设计研究院　组织编写
　　　　蔡克光　邢谷锐　编　著

*

中国建筑工业出版社出版、发行（北京海淀三里河路9号）
各地新华书店、建筑书店经销
北京点击世代文化传媒有限公司制版
临西县阅读时光印刷有限公司印刷

*

开本：787毫米×1092毫米　1/16　印张：13½　字数：265千字
2020年11月第一版　2020年11月第一次印刷
定价：175.00元
ISBN 978-7-112-23769-2
　（34088）

版权所有　翻印必究
如有印装质量问题，可寄本社图书出版中心退换
（邮政编码 100037）

序 | FOREWORD

从党的十八大把生态文明建设纳入中国特色社会主义事业"五位一体"总体布局以来，新时代生态文明思想深入人心，从顶层设计到全面部署，从最严格的制度到更严厉的法治，生态文明建设扎实有序推进。实践证明：保护与发展并不矛盾，青山和金山可以"双赢"。新时代新要求下，良好生态环境是最公平的公共产品，是最普惠的民生福祉；保护生态环境就是保护生产力，改善生态环境就是发展生产力。

县域经济是统筹城乡经济社会发展的基本单元，是国民经济的重要基础，也是生态文明建设实践相对完整、相对独立的基本地域单元。本书以新时代生态文明思想为指导，力图在规划实践中探索生态文明建设的实现路径。从县域规划实践出发，以佛冈县（广东省首个名镇名村示范村建设示范县）建设规划工作为基础，将县域规划技术理念进行引申和拓展，突破传统的规划思维方式，对县域镇村建设模式、地区发展路径的选择和全域资源的整合利用等进行了多维度的思考和探讨。本书认为，城与乡是一对互为依托、互相促进的命运共同体，城市和乡村有空间形态和功能定位的差别，而经济社会和生态则具有同等的价值。对于县域经济社会发展而言，两种聚落形态的发展应当是各司其职互为补充，并以此构建和优化共同的区域自然景观（风景）及人文聚落空间组织；同时，本书认为风景也是一种生产力，能够成为并激发地方的发展活力，这是一种新的发展理念和发展方式。良好的生态环境和景观品质，本身就是区域发展的优良资产和核心竞争力。如果能够实现有效利用和良性转换，可形成一种引导和推动地方经济社会转型发展的新动力。

本书基于规划实践进行理论的总结和归纳，引导地方发展建设并形成可评判可考核的指标体系，把"全域风景化"理念与地方条件特色紧密结合，与地方政府部门工作密切互动，将规划理念与实际工作需求充分对接，从实践出发到理论总结再到对实践指导提升，以期将规划理念推广应用至其他类似地区，具有较强的前瞻性和实践意义。希望此书的出版发行，能为推动广东省乃至全国特定地区的城乡高质量发展和规划建设路径的探索提供有用的借鉴。

欣然为序。

广东省政协副主席、广东省住房和城乡建设厅厅长

张少康

前 言 | PREFACE

新时期，生态文明建设已上升为前所未有的国家战略高度。自2012年11月，党的十八大从新的历史起点出发，做出"大力推进生态文明建设"的战略决策，并完整描绘了今后相当长一个时期我国生态文明建设的宏伟蓝图。2015年5月，《中共中央 国务院关于加快推进生态文明建设的意见》发布，并提出了大力推进绿色城镇化、加快美丽乡村建设等一系列相关任务举措。2018年3月11日，第十三届全国人民代表大会第一次会议通过的宪法修正案，将宪法第八十九条"国务院行使下列职权"中第六项"领导和管理经济工作和城乡建设"修改为"领导和管理经济工作和城乡建设、生态文明建设"，生态文明建设作为政府工作职能正式写入宪法法案。"全域风景化"理念的提出及相关规划实践，就是在生态文明建设国家战略背景下的特定地区发展建设道路的新探索，是践行生态文明建设理念、走绿色城镇化发展道路和探索特定地区发展规划建设路径的地方化实践。

从区域发展的角度来看，"全域风景化"理念的践行及其价值推行，对广东省乃至其他地区的县域村镇发展也具有普遍的参考和借鉴意义。改革开放四十年以来，广东省尤其是珠三角地区的地区发展和城镇建设成就举世瞩目，但与此同时，广东省的城乡差距和区域差距却十分悬殊，外围欠发达地区的发展长期滞后，尽管近若干年来广东省积极推动区域产业转移和对口帮扶等支持政策，在部分地区也取得了阶段性的成效，但依然难以根本上解决区域发展的不平衡问题，未能从本源上探索地区发展规划建设的可持续性的特色化道路。欠发达地区的发展，必须重新审视并回归到其自身发展的内在逻辑，结合外部环境的推动性和渗透性，理性地克制对传统粗放式发展和规划建设模式的同质性复制，寻求地区特色化的拓展和提升，并使其转变成为一种有效的生产力，才能从根本上探索并以期有效解决特色化地区的可持续发展问题。

本研究以"全域风景化"概念提出的背景和意义为切入点，以地方规划实践为基础支撑，以县域村镇发展建设路径总结为落脚点，结合地区发展特征及内在要求，形成特征地区村镇发展的新路径，以期能对同类型地区的发展具有科学有效的引导和示范作用。研究成果以"概念解析－实践探索－路径总结"作为技术分析路线和内容八块划分，对新时期欠发达地区村镇规划建设的实施路径进行了系统的探索。

第一部分为"概念解析"。包括前3章内容，探讨"全域风景化"的相关概念、研究及相关实践等,分别为第 1 章的"全域风景化"概念及内涵解析、第 2 章的"全域风景化"的提出和政策演进过程,第 3 章的"全域风景化"相关研究与相关实践。首先,对"全域风景化"概念及其相关理念进行概念和内涵解析,分析其要素构成及其内涵,剖析与"全域风景化"理念相关的范畴及其价值,并对"全域风景化"的内涵进行综合深入的分析和总结。其次,对"全域风景化"提出的背景及意义进行解读,并结合国内相关政策环境及广东地区城乡发展的新动态,阐述欠发达地区村镇发展建设的重要性和必要性;再次,对"全域风景化"紧密相关的学科或领域进行相关研究文献评述,并对国内外类似地区典型案例进行综合对比分析,以期能够全面掌握相关研究进展及发展动态。

第二部分为"实践探索"。包括第 4、5 章,结合相关概念和理念,基于广东省实际及地方规划实践经验,以佛冈县为例,研究"全域风景化"理念实施的内外部环境条件、设定的目标、空间格局以及相关的策略应对,并进一步结合地方部门工作职能,探讨如何通过部门合作推进"全域风景化"战略的实施推进和相关要素的整合提升,实现县域经济社会环境发展的"全域风景化"图景。首先分析珠三角外围欠发达地区的资源特征和现状发展条件,结合区域条件、村镇发展趋势和旅游环境变化等因素,针对性地提出区域发展的"全域风景化"战略,并通过对其概念剖析和相关要素挖掘,全面分析其战略理念和实现路径,并结合佛冈的特点要求着力推行独具佛冈特色的"全域风景化"战略举措,进而构筑佛冈"全域风景化"的战略目标及空间格局,并进行风景线、关联体系打造,结合目前村镇规划工作的推进,提出若干具有针对性的保障机制及实施措施,包括在政府工作组织、企业引进、政策倾斜与支持、民众参与等方面的配套措施,探讨切实可行的工作思路和组织模式,以保证战略目标的顺利实现。最后从地方部门规划工作的职能要求出发,研究"全域风景化"战略实施如何与各部门工作之间进行紧密衔接和互动,从而保障战略理念及相关实施路径能够得以具体推动和落实,全面保障工作的顺利开展。

第三部分为"路径总结"。即第 6 章,对"全域风景化"概念内涵和地方化实践的总结,分别从目标提出、核心理念、指标评价以及指标体系构建等方面进行全面而深入的整理和提炼,以期能够提炼出对广东省乃至全国同类地区发展的借鉴作用。基于"全域风景化"概念、内涵及其相适应的发展环境及条件分析,结合地方规划具体时间,总结性提出后发地区村镇实现"全域风景化"的基本路径,包括应遵循的基本思路、秉持的核心理念、需设立的发展目标、可操作性的实现路径探索以及相关指标评价及考核体系的构建等,深入分析路径实施的风景化转化方向、空间手段和具体步骤等,构建面向地方特征及可操作可评估的指标体系,搭建特定类型地区实现"全域风景化"的基本路径框架。同时,结合国内外城乡发展的过程及其内在机制分析，提出城乡等值化的价值理念，以乡村地区为主题的村镇发展与城市发展存在同等的价值和发展需求，在等值化基础上寻求两者之间的协调互动机制。

本书由广东省城乡规划设计研究院城乡规划专业多名专家和技术骨干执笔，主要由蔡克光、邢谷锐酝酿规划理念和搭建框架思路，邢谷锐负责主体内容的梳理、整合和组织多轮修改完善，钟永浩、骆文标、李燕彬等完成主要内容的编写和相关图件的绘制。参与本书编写的人员有：骆文标，张磊，钟永浩，肖百霞，刘子健，李燕彬，伊曼璐，王欢，陈霄，沈海琴，杨冬琳，李美蓉，黄华，王其东，何恺强等。

感谢广东省城乡规划设计研究院钱中强书记及其他领导、同事对本研究课题的关注和帮助，感谢王其东在课题前期的思路讨论与探讨，感谢杨冬琳在后期参与的整理与更新。

因本书提出的"全域风景化"为基于当时地方规划实践的概念理念初创，有关案例分析和经验总结尚有很多有待深入探讨和完善的地方，加上作者也受撰写时间、能力水平等方面的局限，本书难免存在遗漏和不足，敬请广大读者给予批评和指正。

目　录 | CONTENTS

第 5 章

"全域风景化"战略与佛冈部门规划工作的衔接

第 6 章

总结：后发地区村镇实现"全域风景化"基本路径

第1章

"全域风景化"概念及内涵解析

1.1 "全域"的空间范畴

"全域"，顾名思义是指全部的地域，不仅仅强调空间的整体性（全范围），而且还强调空间要素的完整性（全要素）。

对于全域的界定，本书主要从两个层面理解：第一，对于某个城市（镇）来说，全域是指其行政范围内的全部区域，即市域、县域或镇域等，范围的变化导致全域的多样性和模糊性，增加把握全域的难度；第二，结合课题研究的理论和实践意义，就研究和关注的主要对象而言，全域重点探讨的是城市发展区（或城市建成区）之外的广袤的乡村地域空间。这是由于，一般的城市化发展战略仅关注城市地域，而全域强调的是"城市地域"与"乡村地域"的共同发展。就广东省而言，乡村地域不仅与城市地域差距越来越大，而且没有形成能够自我发展的动力机制，乡村地域更加需要得到政策上的关注和倾斜。从要素构成看，"全域"可分为自然要素和人文要素（图1-1）。

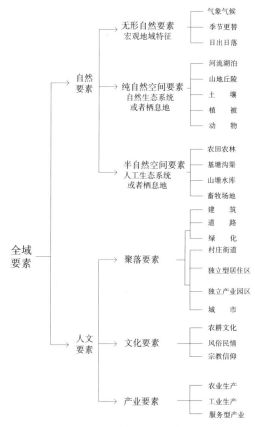

图1-1 全域要素树状图

1. 自然要素

自然要素（表 1-1），是区域景观的基底，是城市景观的大背景，是乡村景观的核心景观特征，包括气候，地形、地貌，土壤，林地、森林，水体，山体，动物等多种类型的要素[1]。

自然要素一览 表 1-1

要素类型	要素细分
气象气候	水分因素的地带性分异
	高度对水、热的再分异
	海陆关系
	水陆关系与局部气候
季节更替	四季分异
	太阳辐射与地面温度的地带性分异
日出日落	日出日落时间
	日照时长
河流湖泊	河流、湖泊、瀑布、湿地、滩涂、沼泽、冰川、积雪等天然水体
山地丘陵	山地（高山、中山、低山和丘陵）、平原、沟谷、盆地和高原
土壤	地带性土坡类型
	土壤的垂直地带分异
	微地貌土坡分异
	人类对土壤微域的干扰
	土城侵蚀
	土壤堆积
植被	地带性植被类型
	植被在高度作用下的垂直地带性
	植物群落（乔木—灌木—草本）
	原始植被—天然次生植被—人工林
	人工农田植被
	农田林网、聚落绿地、道旁林地
	乡村城镇绿地系统
动物	动物群落特征、地带性动物特征

自然要素分为无形自然要素、纯自然空间要素和半自然空间要素。无形自然要素，是指自然环境的宏观地域特征，如气象气候、日出日落等；纯自然空间要素，是指自然生态系统或者栖息地，其主要元素为河流湖泊、山地丘陵和土壤、植被、动物；半自然空间要素，是指人工生态系统或者栖息地，即农业生产的主要场地，主要包括农田农林、基塘沟渠、山塘水库和畜牧场地等等。在实际农村生活场景中，纯自然要素和半自然要素在空间上可能相互交错，形成多样化的景观。

2. 人文要素

人文要素，由聚落要素、文化要素和产业要素组成。聚落要素是文化要素的载体，文化要素是聚落要素的升华，产业要素是聚落要素和文化要素的一种经济体现。

（1）聚落要素

聚落要素（表1-2）是指在自然环境景观的基底上经过人类长期活动塑造和建设的可视景观要素，包括景观建筑物，交通道路等物质存在，从地域环境上可以分为村居、镇街、独立新型住区以及城市，从空间组成上可以分为建筑、道路、绿化等等。聚落景观与自然环境景观之间的关系表明了人类干扰自然景观的景观利用性、景观保护性、景观适应性、景观塑造的协调性、建设的合理性以及人造景观的创造性[2]。

聚落要素一览 表1-2

景观要素	景观要素分类
聚落分类	城市、城镇、行政村、中心村、自然村、独立型住区/园区
建筑物	民居、民宅
	现代建筑：城市现代建筑类型的乡村建筑、现代乡村特色建筑
	古建筑和古建筑遗址
	宗教建筑、民俗建筑、纪念性建筑、标志性建筑
道路	公路交通：高速公路、国道、省道、县干道、乡间道路、村间道
	河流水运交通、干渠交通、人工运河交通、湖泊和水库交通
	民间机场
	道路硬化条件：水泥路面、沥青路面、砂石路面和土路
	交通工具：自行车、人力车、手推车、机动车
绿化	城市公园等几种绿化
	道旁绿化
	民居院内绿化

（2）文化要素

文化要素（表 1-3）是指在长期与自然环境相互作用的过程中，人类在了解、感受、利用、适应、改造自然和创造生活的实践中，形成诸如生活文化、生产文化、风土民情和宗教信仰等涉及村镇社会、经济、宗教、政治和组织形式等方面的非物质的社会文化形态[1]。它是村镇景观要素中最为重要的文化特征，是区别于其他景观类型的景观识别性特征。它产生于物质生活但又高于物质生活，主要分为农耕文明、风俗民情以及宗教信仰。

文化要素一览 　　　　　　　　　　　　　　　　　　　　　　　表 1-3

景观要素	景观要素分类
农耕文化	传统的"天人合一"的思想，环境协调观
	对自然环境有绝对的依赖性，"靠山吃山，靠水吃水"
	崇尚环境的安全性、丰富性和多样性
	日出而作日落而息，对环境和自然的依赖较多
	人们的欲望较低，多以"温饱"为中心，对现状容易满足
	城市生活方式正在乡村快速扩散，夜生活逐步普及，自然节律性下降
	生产进入市场化，农业、工业、建筑业和服务业等生产所体现的业态特征
风俗民情	主要体现在地方节庆活动、丰收庆典、婚丧嫁娶风俗、饮食习惯等
	居民传统服饰
	居民饮食习俗和特色饮食
宗教信仰	道教、佛教、伊斯兰教、天主教、基督教等中西宗教
	民间各种祭祀活动

（3）产业要素

产业要素（表 1-4）是指一个地区的经济基础，是社会经济的载体，可分为农业生产、工业生产以及服务型产业等三次产业，行业类型划分如表 1-4 所示。

产业要素一览 　　　　　　　　　　　　　　　　　　　　　　　表 1-4

产业类型	景观要素
农业生产	农田土地形态：土地平整、梯田、基塘农业；养殖；种植
	农田水利设施：农田灌渠网、农田提水设施、灌区水库、灌区湖泊、堤岸、运河、泄洪渠、水库、人工湖泊、基塘、坎儿井、水井、水窖等
工业生产	生产厂房、场区、生料场、烟囱、水塔、污水处理、污水排放、取土场地、采矿、烟尘等
服务型产业	酒店、旅社、餐饮设施、商业设施等

1.2 "风景"的内涵辨析

"风景"，是在一定的条件之中，以山水景物以及某些自然和人文现象所构成的富有美感并能引人观赏的景象。

1. 风景与景观

景观（Landscape），不同学科对景观的解释不同。早期的地理学家把景观定义为一种能够体现综合自然地理要素的地表景象，艺术家把景观作为表现欲再现的对象，风景园林师则把景观作为建筑物的配景或背景，生态学家把景观定义为生态系统，旅游学家把景观当做资源[3]。《欧洲景观公约》从更广阔和容易理解的视野提出："景观是一片被人们所感知的场所，该区域的特征是人与自然的活动或相互作用的结果；景观涵盖了一个国家和地区所有的地域，包括城市、城市周边、乡村和自然地域，以及水域和海洋；景观不仅包括具有吸引力的景观，也包括日常观察到的和退化的景观，强调景观是一个整体，自然和文化结合在一起的，而不是分离的[4]"（CE，2000）。

风景（Scenery），是指让人产生审美感受的景观。Augustin Berque 在《日本的风景·西欧的景观》一书中指出"经人类加工过的空间与原生空间的最大区别在于其文化性，前者加入了想象力，赋予物质环境以某种意义，使之成为风景"。"风景"不是冷冰冰的"自然"或"环境"，而是活生生的人和自然的复合体。"风景"中人的因素，在个体为情感（情感的表达为艺术），在群体为文化。

2. 风景的基本要素

景物、景感和条件则是构成风景的三类基本要素[5]。

（1）景物是风景构成的客观因素、基本素材，是具有独立欣赏价值的风景素材的个体，包括山、水、植物、动物、空气、光、建筑以及其他诸如雕塑碑刻、胜迹遗址等有效的风景素材。

（2）景感是风景构成的活跃因素、主观反映，是人对景物的体察、鉴别和感受能力。例如视觉、听觉、嗅觉、味觉、触觉、联想、心理等等。

（3）条件是风景构成的制约因素、缘因手段，是赏景主体与风景客体所构成的特殊关系。包括了个人、时间、地点、文化、科技、经济和社会各种条件等。

3. 什么样的景观是风景？

风景，是从某一视角将广阔空间摄入后命名的词语，其中包含着某种文化性解释。山峦、海洋、平原或是农地，其本身均不能成为风景，正因为有了评价这些空间的基轴，才成为风景。风景中其实存在着以农田、国土、山野等空间作为鉴赏对象并给予命名并使其意识化的行为。在这里，风景进一步被思想化，并谈及人类对风景的责任与义务。风景不是单纯、客观的被视体，而是以人为主孕育、守护的事物。风景是有生命的，这也是"风景"与"景观"语感的不同之所在[6]。

根据马克·恩乔普（Marc Antrop）的分析，大多数人所知的景观正向美学评价有[7]：

（1）合适的空间尺度

（2）景观结构的适量有序化

有序化是对景观要素组合关系和人类认知的一种表达，适量有序化而不要太规整可使得景观生动，即具有少量的无序因素反而是有益的。

（3）多样性和变化性

景观类型的多样性和时空动态变化。

（4）清洁性

景观系统的清新、洁净与健康。

（5）安静性

景观的静寂、幽美。

（6）运动性

包括景观的可进入性和生物在其中的移动自由。

（7）持续性和自然性

景观的开发利用体现可持续思想，保持其自然特色。

4. 风景的评价标准

综合了各国各地区的风景评价指标体系（见专栏）后，建立了以下适用于广东省实际情况的指标体系（表 1-5，表 1-6），上述评价标准可通过表 1-5 所列的各项指标来进行判断：

中宏观尺度风景美感效果评价体系一览　　　　　　　表 1-5

准则层	指标层
自然性	绿色覆盖度
	农用地景观面积比
奇特性	地形地貌奇特度
	名胜古迹丰富度
	名胜古迹知名度
	民居的地方性
环境状况	清洁度
	环境季节性
	大气质量

续表

准则层	指标层
环境状况	水体质量
	安静状况
开阔性	开阔度
有序性	景观类型破碎度
	居民点总平面布局
	居民点建筑密度
视觉多样性	景观类型相对丰富度
	地形地貌多样化
运动性	开阔程度
	通达度

（根据相关分类研究文献整理形成）

微观尺度村庄美感效果评价体系　　　　表1-6

要素	指标	指标解释
建筑	尺度	总体来说尺度较小
	风格统一度	建筑形式统一、色彩统一（一致的和谐或一致的对比；除了历史村落之外，建筑尽量要求色彩饱和度高，体现整洁感），并与自然环境色调和谐
	风格可识别度	具有地方特色化、符号化的建筑元素，
	节奏感	高低错落有致，具有韵律感，跟随地形，有蜿蜒感，与自然和谐
	整洁度	建筑外观整洁，内部有序
道路	整洁度	整洁无污染
	通行舒适度	路面平整、硬化，适于车行
	视觉通达度	道路上能看到风景的范围
绿化	行道绿化多样性	道旁绿化多样化，具有四季特征
	建筑绿化	建筑间的绿化高低、大小错落
设施	公共服务设施均等化程度	基础设施体现现代特征
		服务设施体现人文关怀
文化	特色性	体现本土文化的节庆、特色产品
	历史性	名人故事、古老传说等

（根据相关分类研究文献整理形成）

1.3 风景化的路径解析

"化",是指一致性行动,"风景化"是实现风景的手段、方法、计划和路线,同时也指实现风景目标的一致方向;风景化,是通过塑造特色景观风貌和资源等一致性行动,打造"如画"般的空间地景,以提升区域风景的特质。

"化"有行动、推动、趋向的意思,是面向目标的一种努力的方向。同时,"化"还体现出一种整体的推动力和路径选择,是为实现某种预期目标而形成的统一性、整体性和协同性的行动导向。

"化"不局限于以往通过控制单体建筑设计来进行街景整合或地区保护等方面的内容,而是设计了包括市区周边农地、城市绿地等区域景观、自然环境、地标、眺望以及天际线保护等概念。本课题试图用"风景化"这一具有动态倾向性的术语,赋予较"风景"更为广泛的内涵,将城市及周边景观纳入规划对象加以论述。

值得提出的是,除了"化"所体现出来的动作和趋势特征外,还可以引申出,本书所论的"风景"已突破原有的风景所具备的供人们观赏并得到若干愉悦心理的普遍内涵,而是能够让人能够参与到其中,去感受和体验风景,并成为风景环境中的积极参与者,即是这里的"风景"不仅仅是供人们欣赏的,而且是能够体验和参与其中的,更是能够为当地人带来好的收获和效益,比如在生活上的、工作上的以及环境上的。

根据不同风景的类型,安排不同的风景化路径和实现机制,详见第 5 章"全域风景化的实现路径探索"章节。

1.4 "全域风景化"内涵

全域风景化,是在新型城市化背景下的城乡地域尤其是广阔乡村地区的一种新型发展模式,重点研究对象是乡土风貌建设和村镇综合整治问题,城市化和城市地区是其发展的必然环境和紧密要素。

"全域风景化"主要包含地域范围和优势特征两个方面的目标内涵,且分别体现在"全域"和"风景"上。由此,"全域风景化"的核心目标包括,①在对象全区域的范围内实行推广和实施;②由现有的状态向风景化的目标演进和跨越,使其达到整体连续的地域风貌特征。

"全域风景化"建设规划的最终目的在于,把全县域作为风景画般的地域景观进行塑造优化和改造提升,通过不同层次不同类型的风景要素的打造,产业的多元化和全新平台的构建等,把每个颇具特色和魅力的村镇建设成为旅游观光的集散地,同时以点带线、以线带面,把点做亮、把线做活、把面做大,实现"全县处处皆风景、一山一水皆有情"的美不胜收的地域景观风貌。

结合研究对象及工作意图，本书认为，所谓全域风景化，是指在特定的地域范围内，以若干具有某种特质的自然或人文景观为基础，通过不同的空间连结或联系，对其进行不同形式的联结、融合和贯穿，并在一定的地域范围内呈现出不同特征风貌的空间景象。

【专栏1：有关"风景"的概念】

（1）"风景"的起源与含义[8]

通过对《四部丛刊》的全面检索，并对《四库全书》进行校核，检索中发现：

①中国书面文字"风景"最早出现在陶渊明（约365—427年）诗歌《和郭主簿二首（其二）》中。

②南朝宋诗人鲍照（415—470年）的诗歌《绍古辞七首之七》中，也出现了"风景"一词。

③南朝宋刘义庆（403—约443年）的《世说新语》中也出现了"风景"一词。

陶氏的诗"露凝无游氛，天高风景澈"，依然用的是"风"和"景"的本义，即"空气和光线"；鲍氏的诗"怨咽对风景，闷瞀守闺闼"，个体情感因素突出；刘氏文中"风景不殊，正自有山河之异"却是指个体对环境的视觉体验。

"风景"一词出现在魏晋南北朝，绝非偶然。其思想背景是魏晋玄学的发展，社会背景是士族的兴起，经济背景是庄园经济的巩固和推广。"人的觉醒"和"文的自觉（即鲁迅所说为艺术而艺术），是这一时代的两个特征。"汉末魏晋六朝是中国政治上最混乱、社会上最苦痛的时代，然而却是精神史上极自由、极解放、最富于智慧、最浓于热情的一个时代，因此也就是最富有艺术精神的一个时代。"

（2）"风景"含义的现代引申[9]

时代不同，"风景"的认知深度、价值宽度和实践特征（包括主体、规模和途径等）产生了变化。在古代，对风景的认知是感性的、表象的；现代科学尤其是生态学的发展，为风景的理性认识创造了条件。至此，"风景"认知达到了前所未有的深度，且具有进一步延伸的可能与趋势。在古代，"风景"具有较为单一的审美价值；在现代，"风景"超越审美价值，具有生物和文化多样性保护、科学研究、环境教育，以及社会和经济等价值。在古代，"风景"大多数情况下是一种个体性审美实践，实践的主体是精英，实践途径是"人与天调"，总体具有规模小、环境影响小的特征；在现代，"风景"大多数情况下是一种公众性社会实践，实践的主体扩展为不同利益群体，以博弈为手段，具有规模大、环境影响大的特征。

　　总之，"风景"是人对自然环境感知、认知和实践过程的显现。人对自然的感知（情感体验）所形成的"风景"，以诗歌、绘画等艺术形式显现；人对自然的认知所形成的"风景"，以环境伦理学、环境美学、人文地理学、景观生态学、景观历史学、景观考古学等知识形态显现；人对自然的实践（包括保护管理以及保护管理前提下的规划设计）所形成的"风景"以遗产地、园林、公共开放空间、修复了的宗地等体型物质形态显现。"风景"不是冷冰冰的"自然"或"环境"，而是活生生的人和自然的复合体。"风景"中人的因素，在个体为情感（情感的表达为艺术），在群体为文化。简单地说，"风景"就是指让人产生审美感受的景观。

【专栏 2：风景的多种评价标准】

　　各国学者对于风景应该具有的特征以及评价标准都有非常详细而深入的研究，其中下面几种说法比较有代表性。

　　（1）景观可视美学指标

　　现代景观内涵是包括风景、视觉、文化、生态的综合性，并由此使人们产生的感知和感觉，进一步又可分为景观可视角性、景观文化性、景观生态环境质量。景观视觉美学特征是指对景观空间要素、结构和格局的视觉描述和对人们的感知了视觉景观评价只是分析景观视觉特征的过程，也可以理解为景观特征及其空间格局对人类的审美重要性的系统过程。Tveit et al.，提出了 9 种反映景观可视性的关键概念（表 1-7）。

景观可视化的九大概念及其定义　　　　　　　　　　　表 1-7

概念	定义
管理水平	通过人类积极而悉心地管理达到的理想状态所感知到的整洁性和整洁度
一致性	景色协调性、颜色和质地重复性、土地利用和自然条件的适宜性
干扰	缺乏景观内容适宜性和一致性、建造和干预
历史性	历史延续性和历史丰富度，不同事间层次，文化元素的数量和多样性
可视尺度	景观室或感知单元的大小、形状和多样性、开放度
想象力	景观整体或元素的呈现力；在自然上和文化上的界标和特殊特征，使景观创造出一种强烈的视觉形象，使其易分辨和记忆
复杂度	景观元素和特征的多样性和丰富度，格局的散布
自然性	与先前自然状态的接近度
瞬变性	季节、天气或其他时间因素引起的变换

（2）日本乡土景观研究

进士五十八等（2008）根据日本乡土景观研究，提出了乡村景观应该具有的景观特征（表1-8）。

乡土景观构成上的特征 [1]　　　　　　　　　　　　　　表1-8

要素类型	特征	描述
自然要素	具有大地般的广阔感	广阔田地的景观给人悠闲的感觉，给人精神上带来宁静感
	具有深远感	乡村的村落、田野、近郊山林等，按照相当于近景、中景、远景的构造进行协调地延伸，形成悠闲的、使人舒适的、具有深远感的景观
	具有稳重的安定感	在与空间高度利用基础上的人工地盘化日益严重的城市相比，田地等乡村景观具有大地所特有的稳重的安定感
	地理上具有典型的景观	在田园中，河流和农道具有明快的方向性，成为空间坐标轴，使地域变得容易理解，给人以安心感；同样，树林群落和田地中的一棵大树等成为当地的标志，有助于识别自己的生活场所，给人以距离感觉，成为易于理解的地区印象
	具有丰富的水系与植被	在田园中，水田、水渠、水库、菜地、树林地等的水系与植被成为主体，在具有循环性的基础上构成。这种水系与植被的景观可以给人带来本质上的宁静感
	可以见到多种多样的生物	在田园中，不仅能够看到牛、马、鸡等家禽、家畜，而且能够看到多种多样的野鸟、昆虫、鱼等。与只受人类支配的单纯化的城市相比，田园可以提供与多种多样的生物接触的机会，可以给予与作文相同的生物生活着的真实感
	具有丰富的四季变化	基于土地自然之上的田园，成为伺机变化丰富的场所。随四季变化和循环的多样的景观，给予生活的松弛感与韵律感
	具有以植被与土地为主体的温和的景观	在田园中，以植被与地表为主体构成特有的柔和的线条，总体上形成具有温和、安稳的景观
	具有使人联想起食物的场所	田园中，生产食物的田野和果树，可以给予人民体验生命时的安心感
	具有顺应自然界的顺位关系的土地利用状况	在田园中，从村落到田野，再到山林，成为顺应自然界的顺位关系的土地利用，与周边形成连续的、调和的景观
	山脚或者树林的边缘坐落有村镇	农家村落，建于后面为山势环抱、顺沿地势安定的场所。如果后面无山的话，方为开阔空间。这与中国的风水说相通，则会栽植树林，在考虑地势、风向、太阳等方为的基础上进行选址。这就是作为同时具备给予平静感的"眺望"与"围合"机能的场所，是理想的居住空间

---

① 资料来源：进士五十八等，李树华等译，2008。

续表

要素类型	特征	描述
自然要素	具有人性化尺度的营造物	田园是人力改造自然、利用人性化尺度形成的景观。台阶地与梯田等为代表例子,使人感到柔和与温暖
人文要素	具有以当地材料为主的统一与协调的村落景观	田园中,因为使用当地材料形成了村落,结果带来了地方特点丰富、安定的、具有统一感的景观,使人感到具有温暖感的、地区整体的协调性和联系性
	具有年代美的景观	田园的环境设计以木材和石材等自然材料为主体。使用自然材料的,附着的青苔,或者经过天然的风化,酿成了安定的年代美
	具有历史性的遗产(生活文化的资产)	田园中,古老的宗祠、寺庙,或者从过去遗留下来的土造仓库和小棚等,从祖先传下来的东西非常多见,可以使人感觉到从过去到现在时间的连续性(历史性)和积淀性(传统性)

(3)挪威农业景观监测指标

近年来,许多国家都把景观的动态结构特征和功能列为重要监测内容,如挪威建立了农业景观网络(Dramstad et al,2001)。农业景观监测的主要目的是记录农业景观的状况和变化,同时考虑景观的组成以及不同景观组成的空间分布(表1-9)。

挪威农业景观监测指标 表 1-9

主题	关注项目	描述变量
景观空间格局	土地类型	每种类型的面积
	不同土地类型的破碎程度	相邻单元的平均大小;每平方千米单元总数
	景观多样性	多样性指数
	景观异质性	异质性指数(HIX)
	边界类型	每种类型的长度
	水体边界	不同类型的长度;10m 缓冲区中不同土地类型的面积
	建筑物	每种土地类型的数量和比例
农业用地空间格局	破碎程度	农田的数量和大小
	农业土地类型的多样性	香农 - 维纳多样性指数[①]
	农田形状	平均形状指数度量的面积
	农田边界类型	长度
	农业用地中的线性元素	数量;长度

---

① 香农 - 维纳多样性指数:是用于调查植物群落局域生境内多样性的指数。

主题	关注项目	描述变量
农业用地空间格局	农业用地中非种植岛屿	数量；每种类型的比例
	农业用地中的点状元素	数量；每种类型的比例
生物多样性	生境的多样性	香农－维纳多样性指数
	农田鸟类丰富度	物种数量、个体数量
	农田鸟类的分布	不同区域中特定物种出现的样方所占的比例
	维管植物多样性	物种数量、香农－维纳多样性指数
	维管植物的分布	不同区域中特定物种出现的样方所占的比例
文化遗产	历史建筑	数量
	文化遗产特征和遗迹	数量、不同特征类型下的土地利用、特征的可视性
可达性	可用通道	长度；不同类型的比例
		γ－指数
	连接度	100m 距离区间内的比例
	来自道路和建设区域的干扰	每个距离区间的比例
	可达土地	三大移动组可达区域的面积
		每个移动组可达区域面积所占的比例

（4）北京市农业景观质量评价综合指标体系

根据不同人群对不同景观偏好和不同要素喜好程度的前期调研结果（张晓彤等，2009），赋予单一权重，对北京市农业景观质量评价构建了综合评价指标体系（表1-10）。

北京市农业景观质量评价综合指标体系　　　　　表1-10

综合指标	分项指标
自然性（权重系数0.2）	林地丰度（权重系数1）
生态系统服务功能（权重系数0.2）	归一化植被指数 NDVI（权重系数1）
开阔性和多样性（权重系数0.2）	农田斑块边缘密度（权重系数0.4）
	园地斑块边缘密度（权重系数0.4）
	土地利用多样性（权重系数0.2）
污染概率（权重系数0.2）	建设用地密度（权重系数0.5，负向）
	未利用土地密度（权重系数0.5，负向）

综合指标	分项指标
	大田密度（权重系数 0.45）
整洁度（权重系数 0.2）	田地密度（权重系数 0.4）
	设施农业密度（权重系数 0.15）

【专栏3: 自在的"景观"和人为的"风景"】

这两者的区别主要体现在"风景"和"景观"或"景区"的差异上，及在对佛冈全域的概念理解以及其发展意图的体现上。

其一，从本身范围界定来看，"风景"比"景观"或"景区"更能体现未来佛冈发展在全县域范围内的空间意向，而景观较为局限于某一个狭小的点或是具体的规划对象，如公园、旅游区、景区或街区等。

其二，从专业术语上来讲，与"景观"相关的规划多称为包括"景观总体规划""景观整治规划"等专项规划，作为佛冈全县域范围内空间发展战略及其形象目标塑造，在这里希望能够突破作为专项规划的视野和空间内涵。

其三，使用"风景"而非"景观"，是因为希望超越仅仅由建筑及城市设施构成的地区内景观问题的范围，设计城市的、由地形构成的大骨架以及眺望、远望的景观来展开讨论。由此"风景"这一深深扎根于文化、生活之中的词汇就显得较为贴切，而且使用日常用语反倒有更好的效果。（西村幸夫，《城市风景规划》，2003）

风景不局限于以往通过控制单体建筑设计来进行街景整合或地区保护等方面的内容，也不仅仅局限于作为一个景区或当成景区进行规划设计，而是设计了包括市区周边农地、城市绿地等区域景观、自然环境、地标、眺望以及天际线保护等综合性的宏观概念。

从时间视角来看，时代不同，对"风景"的认知深度、价值宽度和实践特征（包括主体、规模和途径等）产生了变化。在古代，对风景的认知是感性的、表象的；现代科学尤其是生态学的发展，为风景的理性认识创造了条件。至此，"风景"认知达到了前所未有的深度，且具有进一步延伸的可能与趋势。在古代，"风景"具有较为单一的审美价值；在现代，"风景"超越审美价值，具有生物和文化多样性保护、科学研究、环境教育，以及社会和经济等价值。在古代，"风景"大多数情况下是一种个体性审美实践，实践的主体是精英，实践途径是"人与天调"，总体具有规模小、环境影响小的特征；在现代，"风景"大多数情况下是一种公众性社会实践，实践的主体扩展为不同利益群体，以博弈为手段，具有规模大、环境影响大的特征[10]。

第 2 章

"全域风景化"的提出和政策演进

2.1 立项背景与意义：后发地区村镇发展路

径探索

2.2 本书研究的技术路线

2.3 相关区域发展背景解析

2.4 国家相关政策演进动态

2.1　立项背景与意义：后发地区村镇发展路径探索

2.1.1　源自于规划实践探索——佛冈县名镇名村示范县建设

2011 年 6 月，省委十届八次全会提出，"各市要像援建汶川一样，集中力量打造一批名镇名村，一年出成效，两年实现目标，通过样板示范带动农村宜居建设。"为推进城乡基本公共服务均等化、加快城乡区域均衡发展，2011 年广东省政府决定用两年时间打造一批名镇、名村、示范村，通过样板示范，带动全省农村宜居建设。清远市佛冈县、云浮市新兴县和惠州市博罗县作为省级示范县，在广东省名镇名村建设中起到了"标杆作用"。

"全域风景化"战略的提出，就是在佛冈名镇名村示范县建设的政策要求和实践背景下提出的，是着眼于促进新时期广东省城乡协调发展、提升村镇综合发展水平、提升城市化发展质量的战略思路，也是推动村镇走更加健康可持续的新型发展道路的重要抓手。通过实行"全域风景化"战略，引领和推动佛冈地区村镇地区的规划建设，依托全域风景打造，有效整合地区资源环境，提升资源开发能力，加强地区环境保护水平，提升佛冈村镇的经济活力和发展动力，促进地区经济社会环境的长期协调发展。此外，通过在佛冈地区的实践推动，能够在广东省范围内形成良好的影响和示范效应，从而对全省尤其是欠发达地区的村镇建设和农村自主发展提供可资借鉴和比较的典型模范。

基于广东省现阶段城乡发展的矛盾和困境，可以预见，相对处于落后水平的广东省外围地区以及其村镇发展，将是未来广东省走新型发展道路、实现历史飞跃的重要突破口，村镇发展也必将成为新时期承载广东省走新型城市化道路的重要载体组成。广东省"十二五"规划纲要提出，广东未来 5 年发展的主攻方向是"以科学发展为主题""以加快转变经济发展方式为主线"，更加注重城乡一体、区域协调，更加注重绿色发展、生态文明，更加注重民生优先、和谐共享。名镇名村示范村建设正体现了区域协调和城乡一体的发展思路，是推动城乡发展的重要行动，是落实广东省"十二五"规划的重要举措。

【专栏 1：广东启动建设名镇名村示范县，着力打造最美乡村】

2011 年 5 月 23 日上午，广东省名镇名村示范村建设示范县启动仪式在清远市佛冈县举行。作为全省首个示范县，佛冈将着力打造具有广东特色的生态宜居和产业发展并举的名镇名村示范村，建设全省乃至全国最美的乡村，为全省名镇名村示范村建设探索先进经验。广东省副省长出席仪式并宣布建设工作启动，广东省农业厅等相关领导出席了仪式。

推进名镇名村示范村建设工作，是广东省委十届八次全会的重要部署，是加快转型升级、建设幸福广东的重要内容，也是广东省加快转型升级、缩小城乡差距的一个重要载体。日前，广东省政府已经正式批复同意了将清远市佛冈县列为全省名镇名村示范村建设示范县，并要求清远市及佛冈县按照"一年初见成效，两年实现目标"的要求，集中力量建设一批名镇名村示范村，推进社会主义新农村建设，全面有效提升城镇化和城乡协调发展水平。

据介绍，佛冈县名镇名村示范村建设将按照一年内取得'看得见、摸得着、做得好'的目标要求，力争今年底初见成效，2012年全面完成，并总结经验，形成名镇名村示范村建设基本模式。力争通过五到十年的发展，构建起先行试验区现代农业和观光旅游业为主体的产业体系，建设景观型、生态环保型种植业、养殖业，提高土地产出率，实现居民小城镇集居，提升公共服务水平，增加农民幸福指数，形成可推广的"生产发展，生活宽裕，乡风文明，村容整洁，管理民主"新农村建设发展模式。

2.1.2 本书研究的意义

1. 从点到面——探索示范县建设背后的战略引导框架

"全域"，对于佛冈而言主要指以行政区划为界定的佛冈全县域，通过全域的视角，引导佛冈名镇名村发展拓展到佛冈全域风景化发展的战略导向，由示范带动扩展到整个对象区域，影响推动整个地域综合要素的发展提升，实现全域空间战略意图。

"全域"主要体现在两种思路意图，一是将示范或试点带动作为名镇名村建设的突破口，由点及面，引领和催化整个地区的镇村发展建设新模式；二是体现相互联系和联动的组织关系，并在全域范围内形成有机的整体。整个地域每个部分和环节都是这个"全域"的组成部分。

从更大的区域范围上来讲，"全域"对于佛冈以外的区域范围具有一定的模范带动和引导作用，如扩散至周边县市乃至整个清远市，甚至影响到整个广东省域范围，推行全域战略，并相应形成不同区域（县域或市域）的不同空间战略。

结合新型城市化的发展背景，通过城市化战略引导推进城市产业和经济社会的全面提升，这也是粤东西北地区近期的发展方向和战略，做大做强城区，集聚发展资源和要素优化配置，通过城区推动区域的健康协调发展。对于城区之外的广阔的乡村地域空间地区，如何在这种大的背景和发展趋势下，找准自身的特点和优势，推动地域空间与城市空间的协调互补、合作共赢。

全域风景化的重要意义就在于，通过一种具有某种地域普适性的空间愿景及营造策略，在保持原有的乡村风土和村镇地域风貌的基础上，提升村镇地域空间的自然环境质量和生态综合效益，并同时带动地区经济、社会、文化和环境的综合协调提升。

2. 由表及里——从城乡等值的角度探索欠发达村镇的路径探索

（1）"全域风景化"是促进城乡错位融合的综合性战略选择

"全域风景化"的提出以及进一步的贯彻实施，是基于以上发展环境及其存在的问题，面向于解决广阔的乡村地域的经济社会环境的健康发展、推进城乡发展及区域高度融合具有时代意义的战略选择。这一战略选择，将着力于改变长此以往的城市化过程当中所普遍存在的城市对农村地区的趋利性侵蚀、农村被动式的接受城市化改造等现象，以及由此所带来的城乡发展矛盾、环境破坏日益严重以及乡村发展难以为继的种种矛盾和问题。

"全域风景化"是缩小区域差距，减缓城乡二元化分割，促进融合，推动乡村生产、生活和生态高效发展的有利途径。实施"全域风景化"战略，通过激发农村地区的发展活力，引导生产资源在城乡间的合理流动和优化配置，包括城乡就业人口的流动，产业投资在城乡间的配置和整合，土地资源的合理保护和利用提升等。

（2）"全域风景化"是欠发达地域村镇自主发展的路径探索

一是"全域风景化"有助于改善村镇生活环境，提高农民生活质量。农村生活居住环境普遍存在脏、乱、差的老大难问题，与其得天独厚的自然生态环境很不匹配，这也是农村最容易被人所诟病的地方，同时也与村庄作为人类优质适宜的生活居住地相背离。通过实施"全域风景化"，有效带动农村生活环境的整治改造，不仅仅引导和推动政府资源和资金向乡村地区的优化配置，而且能够充分调动起农民的积极性，使得农民有更高更好的热情和态度投入到家乡建设当中去，用更加积极主动的态度参与农村生活环境的整治和村容改造，有利于形成更加可持续性的工作机制和生活习惯，使得农村生活环境质量得到长期的保障。

二是"全域风景化"有助于激发农村经济活力，提高农业生产效益。自改革开放以来，以城镇化为载体推动的工业化的迅猛发展和经济发展水平的快速提升，农村成为投身于改革建设大军的劳动力输出地。随着农村劳动生力军的外迁，农村失去了原有的经济活力，地区发展逐渐衰落。"全域风景化"战略的主要宗旨和意图在于，通过激发农村发展活力，破除城市化进程中农村发展对于城市地区和城市化外延渗透的依附作用，挖掘自身发展潜力，与城市错位对接，区域融合发展。"全域风景化"所推崇的农村发展动力和利益均来自于农村地区自身，通过提高农业生产效率和效益，带动自身资源的开发，而不是大部分依赖于城市化推进所带来的被动式"红利"。

三是"全域风景化"有助于保护农村生态环境，增强农村环境吸引力。农村优越的生态环境是自然禀赋而得天独厚的，这是农村赖以生存并能够持续具备竞争和吸引能力的优势所在。"全域风景化"更加着眼于农村原有的丰富的自然生态资源的维系，而其主要手段在于进行农村地区的风景化打造。农村固有的生态环境基质是风景化打造的重点条件之一，通过风景化战略，使得农村原有的风景基质得以保留，而且在相应的空间打造策略的作用下，推动农村生态环境的充分利用和大幅提升，从而有利于增强农村生态环境的吸引力及其所蕴含的生活休闲和商业开发价值。

（3）"全域风景化"是资源优势地区的特色化道路指引

"全域风景化"是一种战略思路、一种行动纲领，也是一种发展模式。"全域风景化"着力于以更加生态友好的方式，对乡村或村镇地区的资源环境的充分开发与利用，以此提升乡村地域的经济发展活力。由此，"全域风景化"战略思路的其中一个重要内涵在于，对研究地区的资源环境的充分挖掘和合理利用，把地区的资源优势转化为生产力优势，并走向特色化、差异化的城乡发展道路，有力推动地区的健康长续发展。而与此同时，"全域风景化"战略引领下的优势地区特色化发展道路，能够为其他不同地区的资源开发和优势利用提供示范和参考作用，同时也为欠发达地区发展模式的研究和发展道路的探索提供必要的基础积累和储备。

（4）"全域风景化"是实现城乡"等值化"的有效途径

结合我国城乡发展的现状及问题乡村发展的困境，对比国外乡村发展，城乡不同功能及特征均有不同程度的体现，不难看到，城乡作为两种聚落类型，具有各自不同的生存逻辑和功能特点，在经济、社会和环境方面的综合体现，城乡发展具有"等值化"特征，即城市和农村具有同等的价值实质，而且出自于其不同的功能特质。这种"等值化"既是以不同的形式存在，也是以同一种形式的不同程度或方式而存在。以"等值化"为出发点考虑风景化问题，既是解决为何要推行风景化的根源问题，同时也是实施风景化战略的理论及行动依据。

同时，相当部分的村庄由于其具备独特的聚落空间承载和文化价值，必然将长续存在和发展。问题是通过怎样的方式获得发展？发展的方式是多样的，总的来说有内生式的，也有外源式的，但归根结底是内生式（不论体现为哪些方面）为核心和主导。

纵观乡村地区的发展及城乡关系的演变，新中国成立到工业化初期，工农业产品的剪刀差政策，到改革开放时期，大量农民工进城建设城市，人口的流动和推动，再到 20 世纪末 21 世纪初开始的扩城造城运动，城市边界向农村的扩展，土地的侵蚀和住房置换，那些留存的乡村，大部分只能通过行政任务式或示范打造式的资金投入才能幸存和发展，但仍旧缺乏可持续性和内生增长活力。而广东现阶段大范围铺开的产业转移政策，效果显著，但问题共存，值得斟酌和反思。

目前而言，广大农村地区的发展，真正需要的是什么？需要的是重新认识乡村的存在及其固有的价值属性，发挥其自身的优势和潜力，以内生式和自主式的方式，辅以相应的政策支持，朝着更文明生态、更美丽、更可持续的方向不断发展。内生式增长的核心根本是对乡村价值的认识和对乡村优势资源的再利用，包括生态基质、旅游资源、居住环境、低碳产业等。

3. 价值综述——"全域风景化"与村镇地区可持续发展动力

"全域风景化"要解决的主要问题是经济发展方式粗放、城乡发展严重失衡和乡村地区发展缺乏持续动力的问题。30 余年的经济高速发展和城市化快速推进，很大程度上依赖于土地、劳动力、资金等要素资源的大规模投入，以资源换取效益，经济发展的生产资源性投入依赖性较大；与此同时，资源的大规模损耗及其粗放利用对于生态环境的破坏日益增大，生态环境污染问题日益突出，并不断引发社会矛盾，实行生态低碳型和环境友好型的资源利用模式势在必行，传统的城市扩张模式也同样需要反思和重构。区域发展不平衡问题凸显，城乡差距不断拉大——区域资源禀赋需要充分挖掘，着实发挥地方优势条件，走差异化的发展道路，城市与乡村的发展关系需要重新审视，原有的发展模式是否可以在城乡之间无缝衔接和跨越，是否能够真正带动乡村地区的发展而不破坏城乡间的生态均衡。"三农问题"一直是中国农村的老大难问题，而其问题的核心在于，农村难以脱离于土地或人口的"进城"方式而获得一种良性而长续的发展，即农村自身存在发展动力不足的问题，如何摆脱于过度外部依赖（以及由此带来的自身损耗）去寻求自身的本质潜能和优势，以获得可持续的健康发展，是亟待解决的农村核心问题所在。

"全域风景化"，就是基于乡村价值本质的再思考，是对乡村地域资源的重新认识和深入挖掘。是在一定的地域范围内企图通过风景化的发展战略及特定的实施路径，以解决城乡发展尤其是乡村地区发展所普遍出现的生态环境恶化、经济动力不足、生活水平低下和文化传统遗失等问题。这也对应十六届五中全会提出的对于农村地区发展的美丽图景"生产发展、生活富裕、乡风文明、村容整洁、管理民主"中规划建设所能关注和解决的问题[11]。

简而言之，全域风景化，是实现村镇自主式发展的一种模式，也是新型城市化背景下的村镇尤其是乡村地区的内生式增长模式。

2.2 本书研究的技术路线

本书从概念出发，基于当前政策和区域环境阐述课题研究背景，通过相关理论研究和案例借鉴，结合研究地区发展特征，进而构建"全域风景化"要素优化、空间路径和指标体系等理论体系，并以佛冈为例展开相关阐述解析（图 2-1）。

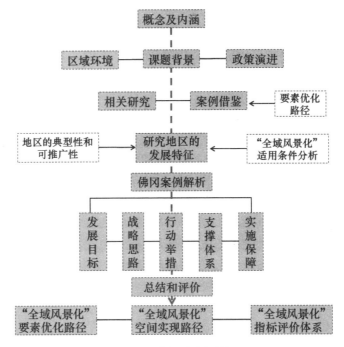

图 2-1 本书研究技术路线

2.3 相关区域发展背景解析

2.3.1 广东省城乡发展环境存在的主要相关问题

广东省城镇化率已逐步接近 70%，并逐步进入了以城市社会为主的新成长阶段，城市化正成为引领经济社会发展的强大引擎。然而，随着城市化的不断推进，城乡发展环境方面的问题接踵而至，生态环境恶化、资源利用粗放和消耗殆尽、城市交通拥堵、生活环境质量低下等日益凸显，先行的发展模式备受考验；同时，由于区位、交通、发展机遇和政策安排等多方面因素，广东省外围地区（粤东西北）尤其是城区周边的广阔的乡村地域空间未能得到足够的发展，发展质量和水平相对低下，并面临着诸多亟待解决的问题和矛盾。

1. 传统经济发展模式不可持续，生态环境问题日益严重

广东省珠三角地区在经济发展和城市建设当中，随着产业不断升级，经济水平的不断提高，居民生活环境压力不断加大，造成优质生态旅游资源不断稀缺并频繁出现空气质量降低、雾霾问题突出、生态环境恶化等问题，引起公众普遍关注。由于发展方式依然较为粗放，经济发展的质量普遍不高，产业发展层次较低，资源消耗过大，生态环境问题日益严重，受到的环境约束日益紧张。

而且，随着传统发展模式弊端日益凸显，生态环境问题不断突出，生态文明建议被正式提上日程并被赋予前所未有的指导意义。刚刚卸任的前国家总书记胡锦涛同志在党的中共十八大报告中说，建设生态文明，是关系人民福祉、关乎民族未来的长远大计。面对资源约束趋紧、环境污染严重、生态系统退化的严峻形势，必须树立尊重自然、顺应自然、保护自然的生态文明理念，把生态文明建设放在突出地位，融入经济建设、政治建设、文化建设、社会建设各方面和全过程，努力建设美丽中国，实现中华民族永续发展。提倡生态文明，寻求生态友好型的发展道路，是我国未来经济社会发展的必然选择。

2. 区域发展不平衡问题凸显，外围地区与珠三角差距加剧

由于受到区位、交通、发展机遇和梯度发展政策安排等多方面因素的影响，广东各地经济发展区域不平衡问题日益突出。珠三角地区离现代化的目标越来越近，而粤东、粤西、粤北地区与珠三角的经济状况差距越拉越大，人民生活水平的差距也不断扩大。2001 年，全省城镇居民人均可支配收入 10415 元，比 1985 年增长 9.9 倍。其中，珠江三角洲、东西两翼和山区城镇居民人均可支配收入分别为 14387 元、7653 元和 7410 元，比 1985 年分别增长 12.4 倍、9.1 倍和 9.2 倍，珠江三角洲地区城镇居民收入增幅远高于东西两翼和山区[1]。地区之间发展的不平衡，将大大拖慢整个广东省的产业发展转型、城市化水平和质量的提升，并最终影响到未来广东发展的动力和前景。

3. 村镇经济社会发展普遍滞后，城乡差距进一步扩大

2018 年广东省城乡居民收入差距为 3.124：1，其中，城镇居民人居可支配收入 44341 元，农村居民人均可支配收入 17168 元，城乡收入比为 2.583：1，尽管与之前若干年相比已有较大的缩小幅度，但城乡收入差距依然处于较高的水平；另一方面，与其他省市比较，广东省的城乡收入差距还相对比较悬殊，如浙江、江苏等省份十年前的城乡收入均衡水平已优于广东省目前的城乡收入水平，且仍在进一步缩小当中。以上数据也同时说明了，即使在经济高度发达的广东地区，以农村居民为重要承载主体的县域地区的经济发展，依然存在着较大的缺陷和落差，以村镇地区作为主要空间单元的县域地区的发展还相对比较滞后，存在有较大的发展和提升空间。以上数据同时也相当程度显示出广东省村镇产业发展动力不足、社会建设滞后、民生保障水平比较低等方面的突出问题。

---

① 数据源于广东省统计信息网。

江浙闽鲁粤五省城乡居民收入差距情况 ①   表 2-1

地区	指标	2005 年	2009 年	2018 年
全国	城镇	10493.03	17175.00	39251
	农村	3254.93	5153.00	14617
	城乡比	3.224 : 1	3.333 : 1	2.685 : 1
江苏省	城镇	12318.57	20552.00	47200
	农村	5276.29	8004.00	20845
	城乡比	2.335 : 1	2.568 : 1	2.264 : 1
浙江省	城镇	16293.77	24611.00	51261
	农村	6659.95	10007.30	24956
	城乡比	2.447 : 1	2.459 : 1	2.054 : 1
福建省	城镇	12321.31	19576.80	42121
	农村	4450.36	6680.10	17821
	城乡比	2.769 : 1	2.931 : 1	2.364 : 1
山东省	城镇	10744.79	17811.00	39549
	农村	3930.55	6119.00	16297
	城乡比	2.734 : 1	2.911 : 1	2.427 : 1
广东省	城镇	14769.94	21574.70	44341
	农村	4690.49	6906.90	17168
	城乡比	3.149 : 1	3.124 : 1	2.583 : 1

2.3.2 珠三角外围地区的新型城镇化方向初探

1. 外部局限性催生粤东西北自主内生的新型城镇化模式

近期，广东着眼于提高城市化发展水平，以"绿色、人本、集约、智慧、包容"作为广东城市发展的主导理念，各地区在探索走新型城市化道路。珠三角地区逐步实现传统产业转移外迁，产业转型升级，走集约型、高端型和低碳型的产业发展道路，提升城市化发展质量和水平，并着眼于打造珠三角地区世界级城市群和具有国际领先水平的产业生产及服务高地，提升自身生产创新能力，参与国际竞争。

处于广东省外围区域的粤东西北地区，由于其区位条件和发展基础的差异，形成了不一样的发展模式，经济社会发展状态也各异，但总体发展水平和质量较珠三角地区均相对较低。作为珠三角周边的欠发达地区而言，承接珠三角产业外溢和双转移，无疑是弥补资源禀赋，打破发展瓶颈的直接有效手段。近年来，广

---

① 数据来源于全国及各省统计年鉴、国家统计局各省调查总队等。

东地区实施由珠三角地区向粤东西北地区的双转移战略和系列政策举措，并在全省范围内设立了30余个省级产业转移园，很多地区如河源、梅州等抓住机遇成为产业转移的明星城市。但近期内无论是对于转出地或承接地，毕竟产业转移的机遇和资源有限，外围地区难以通过长期持续的外部引入和产业承接以解决自身发展动力不足的问题，而且，产业转移由于存在地域差距和配套不足等问题，已逐步显现出若干的问题和弊端，因此，从这个角度而言，基于自身资源挖掘和自主发展的新型城市化道路，是珠三角外围地区发展的必然选择。

2. 持续增长的旅游需求促成珠三角外围生态资源的挖潜

21世纪将是旅游闲暇的世纪。2018年国庆中秋黄金周，全国各大景点的旅客规模暴涨和旅游市场的极度火爆，似乎在用一种极端的方式宣告着一种趋势。尤其是对于处于相对发达水平的珠三角地区而言，随着人们生活条件的提高，对外休闲旅游、度假体验、享受自然的生活需求不断增强，珠三角地区的市民也成为了全国各个旅游度假胜地的主要来源地之一。粤东西北地区作为珠三角经济区的外围紧邻地区，除了具备自然的区位和交通优势外，其自然环境良好，资源条件丰富，社会公共服务水平也相对较高，具有较好的旅游发展潜力。珠三角旅游市场的旺盛需求，其与珠三角外围地区的资源禀赋和旅游发展潜力，将在未来一定的环境条件下，达到更好的对接、互动，实现两地的共赢，促进区域的协调发展。

近年来，广东省有关部门与珠三角外围地区也开展了相关的旅游开发合作，建立若干以休闲度假为主题的旅游示范基地。2009年12月28日，广东省旅游局、清远市政府、佛冈县政府签约，共建国际（中国佛冈）健康养生旅游示范基地。将佛冈打造成集健康养生、休闲、度假、体验于一体的综合性文化旅游区和世界著名的养生保健旅游目的地。

3. 产业转移区域合作对口帮扶新举措的深度推进

自2008年提出产业和劳动力的"双转移"战略以来，广东省委、省政府从2008年到2012年，5年时间里安排了400余亿元资金，从扶持欠发达地区完善基础设施、以竞争形式扶持欠发达地区建设产业转移园、加大力度扶持欠发达地区重点产业发展、实施政府有效引导的产业转移政策、实施免费技能培训、鼓励贫困农村适龄青年掌握职业技能等八个方面对"双转移"战略予以扶持。在此背景下，广东省产业转移园区的开发建设取得了良好成效，截至2011年底，全省有省级产业转移园区36个，已建成项目1573个，实现投资额3658.88亿元，实现产值3468.3亿元、税收137.4亿元，共吸纳劳动力57.6万人，对产业转入地的经济、产业、社会发展做出了重要贡献。

2013年，广东省委、省政府印发的《关于进一步促进粤东西北地区振兴发展的决定》把基础设施建设、园区建设和地级市中心城区建设作为振兴粤东西北的三个战略抓手,提出要加强产业园区建设,推动产业集聚和节约集约发展,以园区为载体加快粤东西北地区工业化进程。由于新时期经济社会的新变化、新要求,园区形态和建设运营模式已由第一代园区、第二代园区发展到了第三代园区。粤东西北园区建设必须适应新时代要求,以新的园区模式构筑振兴的空间载体。"生产 + 生活 + 生态"的第三代园区是产业园区建设的最新形态其更进一步强化生态功能,形成"生产 + 生活 + 生态"的"三生合一"空间形态,更加注重规划的作用,在园区的管理和运营上强调专业性和服务。上述《决定》发出了"振兴东西北"的动员令,对作为粤东重要城市的汕尾提出了全新的发展要求,汕尾需要紧抓振兴粤东西北的三大战略抓手,避免再走珠三角的老路,要实现跨越发展、转型发展、绿色发展。

近来,为进一步鼓励、促进粤东西北地区的产业转移工业园发展,广东省近期出台了《广东省产业转移工业园管理办法(修订稿)》,提出"除广州、深圳、珠海、佛山、东莞、中山市外,其余 15 个地级市原有工业片区符合以下条件的,可申请设立园区",表明了"双转移"战略的纵深化推进以及产业转移工业园的发展将迎来新一轮发展浪潮。

2.4 国家相关政策演进动态

1. 城乡一体和生态文明建设等相关战略部署的推进

中共十八届三中全会提出,城乡二元结构是制约城乡发展一体化的主要障碍。必须健全体制机制,形成以工促农、以城带乡、工农互惠、城乡一体的新型工农城乡关系,让广大农民平等参与现代化进程、共同分享现代化成果。要加快构建新型农业经营体系,赋予农民更多财产权利,推进城乡要素平等交换和公共资源均衡配置,完善城镇化健康发展体制机制。

同时,党的十八大以来不断加强关于"生态文明建设"的相关要求。党的十八大提出"必须树立尊重自然、顺应自然、保护自然的生态文明理念,把生态文明建设放在突出地位,融入经济建设、政治建设、文化建设、社会建设各方面和全过程",将生态保护与建设提高到国家未来发展战略的高度。同时,十八大还指明了生态文明建设的重点方向:优化国土空间开发格局,控制开发强度,调整空间结构,促进生态空间集约高效、生活空间宜居适度,生态空间山清水秀,构建科学合理的城市化格局、农业发展格局、生态安全格局等。与此同时,中共中央推行全面深化改革中,建立完善生态文明制度成为重要的目标举措。具体体现在,建立系统完整的生态文明制度体系,用制度保护生态环境。健全自然资源资产产权制度和用途管制制度,建立空间规划体系,划定生产、生活、生态空间开发管制界限，落实用途管制。健全能源、水、土地节约集约使用制度。划定生态保护红线，坚定不移实施主体功能区制度，建立国土空间开发保护制度，严格按照主体功能区定位推动发展，建立国家公园体制。实行资源有偿使用制度和生态补偿制度。改革生态环境保护管理体制。

2. "全域旅游"规划及示范区创建工作的兴起和推进

2015年，"全域旅游"工作的推进为旅游业的提升和相关地区旅游产业的发展打造提供了难得的历史契机。为了进一步发挥旅游业在转方式、调结构、惠民生中的作用，实现旅游业与其他产业的深度融合，积极构建"产业围绕旅游转、产品围绕旅游造、结构围绕旅游调、功能围绕旅游配、民生围绕旅游兴"全域旅游发展格局[12]，推动旅游产业向深度和广度空间拓展，梳理旅游业战略性支柱产业的形象，国家旅游局决定在全国范围内开展"国家全域旅游示范区"创建工作，并颁布《国家旅游局关于开展"国家全域旅游示范区"创建工作的通知》（旅[2015]182号），文件对全域旅游的概念、创建国家全域旅游示范区的对象及主体、主要考核指标等内容进行了详细的界定和阐述。随后，在广东省境内，各个地区陆续开展了全域规划的编制工作，包括中山市、佛冈县、连南县等市县，对整个区域范围内的旅游资源及产业发展进行了重新整合和谋划。全域旅游规划的兴起，对于县域范围内的经济社会发展，尤其是对于长期以来处于欠发达水平的工业基础较为薄弱的村镇地区，无疑提出了一条新的可预期的发展路径。

3. 村庄规划全覆盖和精准扶贫等相关工作的推进

相对于我国661个城市，我国拥有大约260万个行政村——经济新常态下，随着城镇化从快速发展阶段转向稳步发展阶段，从以城市建设为中心转向城乡协调发展，建设美丽宜居乡村的必要性和紧迫性凸显，亟须补足乡村规划"短板"[13]。针对我国乡村规划缺失导致农村建设无序发展问题，住房城乡建设部总经济师赵晖在2015年于云南举行的第二届全国村镇规划理论与实践研讨会暨第一届田园建筑研讨会上表示，到2020年我国将通过改革创新，大幅提高乡村规划的易编性和实用性，力争实现乡村规划基本覆盖，结束农村无规划、乱建设局面。

为此，住房城乡建设部于2015年全面启动推进乡村规划工作。中办、国办随后印发的《深化农村改革综合性实施方案》也提出，要"尽快修订完善县域乡村建设规划和镇、乡、村庄规划"。方案提出，"到2020年全国所有县（市）区都要编制或修编县域乡村建设规划，大幅提高乡村规划覆盖率，农房建设依规划实施管理，村庄整治要有基本安排[14]。"方案强调，必须在乡村规划理念和方法上改革创新：包括树立建设决策先行的乡村规划；确立县（市）域乡村建设规划先行及主导地位；建立相关部门统筹协调的乡村规划编制机制；推进以村委会为主体的村庄规划编制机制；以编制农房建设管理要求和村庄整治安排为主，大幅简化村庄规划内容等。并提出，村庄规划必须尊重村民意见，兼顾未来发展。一些条件不具备的村庄，只以文字规定农房建设管理要求的，经批准后也可以成为村庄规划，主要内容要纳入村规民约。与此同时，我国针对广大乡村地区的扶贫工作也进入关键工作时期。并提出，共享发展要守住民生的"底线"，把"精准扶贫""精准脱贫"作为基本方略。2015 年 10 月 16 日，2015 减贫与发展高层论坛上强调，中国扶贫攻坚工作实施精准扶贫方略，增加扶贫投入，出台优惠政策措施，坚持中国制度优势，注重六个精准，坚持分类施策，因人因地施策，因贫困原因施策，因贫困类型施策，通过扶持生产和就业发展一批，通过易地搬迁安置一批，通过生态保护脱贫一批，通过教育扶贫脱贫一批，通过低保政策兜底一批，广泛动员全社会力量参与扶贫。

第 3 章

"全域风景化"相关研究与实践综述

3.1 "全域风景化"相关研究

3.2 典型案例相关分析

3.1 "全域风景化"相关研究

3.1.1 景观生态学相关研究

1. 景观生态学研究

景观生态学是地理学与生态学之间的交叉学科。它是以景观为对象，通过能量流、物质流、信息流和物种流在地球表层的交换，研究景观的空间结构、内部功能及各部分之间的相互关系。简言之，景观生态学就是表示支配一个区域不同地域单元自然生物综合体的相关分析。现已广泛应用于自然资源开发与利用、生态系统管理、自然保护区的规划与管理、生物多样性保护、城乡土地利用规划、城市景观建筑规划设计、生态系统恢复与重建等领域。景观生态学是研究景观单元的类型组成、空间格局及其与生态学过程相互作用的综合性学科[15]。

（1）基础理论研究方面[16]

早在 20 世纪 90 年代初，我国著名地理学家林超、黄锡畴和董雅文等在有关地理学刊物上发表介绍国外景观生态学概念、原理、研究方法和研究成果的文章和译文，使人们开始看到了一个新的研究领域。景观生态学的基础理论是景观生态学发展的前提和基石，它对人们了解景观生态学的产生背景与发展历程，理解景观生态学中概念、原理与方法具有重要的指导作用，因此，在景观生态学研究中，基础理论的研究是重中之重。

据统计，在我国景观生态学的研究文献中，有关基础理论研究的文章约占40%。其中，俞孔坚（1987）、李哈滨等（1998）、邬建国（2000）对景观及景观生态学概念的剖析，牛文元（1990）、邬建国（1991）、肖笃宋等（1997）、傅伯杰等（1996）、陈利顶等（1996）及邱扬等（2000）对景观生态学基础理论的释义，贺红士等（1990）对景观生态学综合思想的阐述以及陈昌笃（1996）、李晓文等（1999）、古新仁等（2001）对景观生态学与生物多样性保护关系的探讨等研究工作都是我国景观生态学基础理论研究中比较具有代表性的。而肖笃宁等（1988，1997）、郭晋平（2001）则对国内外景观生态学的研究发展概况作了比较全面的论述，由肖笃宁主编的《景观生态学的理论、方法及应用》更是广大景观生态学科人员的工作结晶。这些研究为景观生态学在我国的发展打下了坚实的基础，同时也激发了一些学者的思想火花，如 Wu 等（1995）在总结前人"缀块动态理论"基础上，创立了"等级缀块动态范式"；俞孔坚（1999）揭示了一般流动表面模型的点和线的特征与景观生态学和保护生物学中的景观结构之间的关系，提出了生物保护的景观生态安全格局并给出了案例，这些无疑将为我国景观生态学基础理论的拓展和创新提供新的思路。

（2）应用研究方面

我国真正开展景观生态学的应用研究是在 1990 年代,其标志是肖笃宁（1990）发表的《沈阳西郊景观结构变化的研究》。然而从近 10 年的研究情况看,景观生态学的应用研究在我国景观生态学研究中已占相当大的比重。而且由于景观生态学具有多学科的特点,再加上我国类型丰富的生态系统,使景观生态学的应用研究呈现出百家争鸣的景象,在诸多不同的研究领域都取得一些成果。从文献的统计结果表明,我国的景观生态学应用研究主要集中在以下几个领域[17]:

1）城郊和农业景观。包括城乡交错带和农林复合系统景观。城郊景观和农业景观是受人类活动干扰比较严重的人工景观或半人工景观,城市化是当今社会发展的一种趋势,于是人类活动给景观带来的影响以及由此引发的土地利用方式的变化就成为景观生态学应用研究中的热点问题。肖笃宁等（1991）、徐岗等（1993）、谢志霄等（1996）,对沈阳市东陵区从 1959 年至 1988 年 30 年间景观格局变化、土地利用格局的变化趋势、土地生产力的现状与生产潜力等进行了分析,并建立了景观动态预测模型;傅伯杰（1995）则以陕北米脂县泉家沟流域为研究对象,首次进行了农业景观的格局研究。

2）森林景观。内容包括森林景观结构、森林景观空间格局分析、森林景观动态及群落生态效应、森林边际效应及动态、森林景观格局与生物多样性等方面。森林景观生态研究是我国开展景观生态学研究较早的领域之一,研究工作也卓有成效。以郭晋平等人为代表的课题组开展的国家自然科学基金课题《森林景观动态及其群落生态效应的研究》首次对森林景观生态进行了比较全面、系统和深入的研究,其研究成果《森林景观生态研究》也是我国森林景观生态研究领域的第一部专著;臧润国等（1999）则主要探讨了森林斑块动态与物种共存机制及森林生物多样性问题。此外,马克明等（1999—2000）对北京东灵山地区的森林景观格局、森林生物多样性、景观多样性,以及刘灿然等（1999—2000）对北京地区的植被景观斑块特征等也都作了一些颇有意义的探索。

3）湿地景观。在我国湿地景观的生态研究中,最具代表性的是对辽河三角洲湿地景观的研究,包括对湿地景观格局的研究、湿地景观格局对养分去除功能的影响以及运用景观生态决策评价支持系统（LEDESS）,探索景观规划预案对丹顶鹤、黑嘴鸭等珍稀水禽的生境适宜性、生态承载力等方面的影响。

（3）学科交叉方面

1）景观生态学在旅游规划中的应用[18]

景观生态学是包含了生态学的思想和原则,同时重视景观时空特色和生态平衡问题。景观生态学的体系不断发展和日趋完善,提供给旅游规划者有益的思想、原则和方法。而对于具体的旅游地而言,其主要功能是为人们提供旅游活动载体,同时作为生态系统为生物提供栖息地和基因库，在规划中引入景观生态学原理，结合生态因素，可以使两方面的功能更好实现[19]。

根据景观生态学原理，提出旅游规划的景观生态学原则：整体优化原则、多样性原则、综合效益原则、个性与特殊保护原则。景观生态学在旅游规划中应用可分为宏观应用和微观应用，旅游地景观生态规划是在景观水平层次上对旅游地的旅游景观、环境景观等所进行的一种规划，它本质上是一种包含旅游、景观、生态三方面的综合性规划，而景观生态学在旅游规划中的微观应用则主要体现在对景观结构要素斑－廊－基的具体设计上。

从宏观应用方面来说，有效的景观生态规划对保持旅游地的景观特色、景观质量以及确保旅游地可持续发展十分有益。基于景观生态学的旅游规划在其开发范式中把保护思想融入开发理念之中，而旅游地景观生态规划则是基于旅游开发与环境保护关系之上的一种规划，是运用景观生态学中相关原理，在景观水平层次上对旅游地的旅游景观、环境景观等所进行的一种规划。本质上，它是一种包含旅游、景观、生态三方面的综合性规划。其中，"旅游"的规划核心是对旅游资源进行分析与评价，以及对游客行为心理进行揣摩、分析和设定；"景观"的规划核心是对旅游项目、游客活动、设施建设进行空间布局、时间分期和设施设计；"生态"的规划核心是对旅游地的自然环境要素与因旅游开发建设而引起的包括环境问题在内的各种影响，进行识别、分析和保护。

从微观应用方面来说，景观生态学在旅游规划中的微观设计主要体现在对景观结构要素斑－廊－基的具体设计上。旅游斑块的设计要与环境融为一体，人文景观与天然景观共生程度高，真正做到人工建筑的斑块与天然的斑块相协调，旅游基础设施，要充分实现生态化，并注意与当地的自然、文化景观的文化特征协调一致，切忌以城市化、商业化的浓重气息破坏自然保护区各种景观的原有文化内涵和特色，更应防止一切扭曲文化形象的景观污染事件发生。而在对自然风景区进行斑块设计时，除了考虑其旅游美学功能外，对于负有保护物种的功能区域，应该注意保留一定面积的斑块，避免因生境面积过小而造成物种灭绝。

对于廊道，斑块内的设计要以林间小路、河岸、滑雪道等为廊道，并注意合理组合，互相交叉形成网络，强化其在输送功能之外的旅游功能设计，以便延长游客的观赏时间；区内廊道的设计要避开生态脆弱带，尽量选择生态恢复功能较强的区域，充分利用自然现存的通道，如河流等，但连接各景区的廊道长短要适宜。因为廊道过长会淡化景观的精彩程度，过短则影响景观生态系统的正常运行。因此，区间廊道的设计应尽力使道路所通过的客流量与区内环境相一致。

基质是斑块和廊道所在的环境背景，基质的作用在于以基质为背景，利用遥感技术和地理信息统技术进行景观空间格局分析，构建异质性的旅游景观格局，从而对旅游区进行景观功能分区和旅游生态区划，并分地段进行主题设计，策划旅游产品形象，以体现多样性决定稳定性的生态原理和主题与环境相互作用的原理。

2）景观生态学在农业景观生态规划和设计中的应用 [20]

农业景观规划是指运用景观生态原理，结合考虑地域或地段综合生态特点以及具体目标要求，解决农业景观水平上生态问题的实践活动，构建空间结构和谐、生态稳定和社会经济效益理想的区域农业景观系统，它涉及农业景观结构和景观功能两方面研究。农村景观生态规划与设计就是由基本目标到功能、结构、具体单元逐级进行的，每一步都是上一步内容的具体化，共同组成了景观生态规划与设计的基本途径。

对持续农业景观而言，其功能显然对应持续农业的四大功能，即生物生产、经济发展、生态平衡和社会持续。针对上述功能目标，结合对生态农业景观特征的考察研究，提出持续农业景观规划的五条原则：

一是景观异质性原则。农业景观生态规划追求的是适度空间复杂性，经济产出和生态稳定性最优，即在系统稳定性和生产力之间取得平衡。

二是继承自然原则。保护自然景观资源（森林、湖泊、自然保留地等）和维持自然景观过程及功能，是保护生物多样性及合理开发利用资源的前提，也是景观资源持续利用的基础。在规划实践中应以环境持续性为基础，用保护、继承自然景观的方法建造稳定优质持续的生态系统，有利于维持系统内稳态，强化农业景观生态功能。

三是关键点调控原则。成功的景观规划应抓住对景观内生态流有控制意义的关键部位或战略性组分，通过对这些关键部位景观斑块的引入而改变生态流，对原有生态过程进行简化或创新，在保证整体生态功能前提下提高效率，以最少用地和最佳格局维护景观生态过程的健康与安全。

四是因地制宜原则。农业景观生态规划必然要落实到具体区域，因此必须因地制宜考虑景观格局设计，以便更好实现农业景观各功能。

五是社会满意原则。人类是整个农业系统的主导成分，其能动性调动和负面影响控制是景观规划得以顺利实施的关键，因而景观是否得到当地人群的满意，美学、生物多样性等综合景观生态功能和社会教育意义等都是规划中必须考虑的。

2. 视觉景观研究

视觉景观研究在旅游景区建设、城乡规划与管理等领域具有广泛的应用前景。对近 10 年国外视觉景观研究进行回顾，视觉景观研究可分为视觉景观质量评价、视觉影响评价、视觉景观偏好 3 个研究方面。

（1）视觉景观质量评价

Daniel（2001）提出，决定"景观质量"含义的方法是审视评价程序，历史上声称是"景观质量"评价的研究，实际最好称作"视觉美学质量"，因为它们依赖于对目标区域视觉特征的检验和分析，很少涉及声音、气味等。近期研究中，"视觉景观质量""景观视觉质量""风景美"等不同术语均有出现，研究内容均侧重于视觉美学质量，只有部分学者开始考虑声音、气味等对景观质量的影响（Kaplan et al，2006）。本文选用出现频率较高的"视觉景观质量"这一术语[21]。

视觉景观质量即指观察者通过视知觉等途径对视觉景观外在形式与功能属性所做的价值判断。该方法的优势在于能够对人的感知（包括视觉、听觉、情感等）进行量化评价，同时清晰直观地反应视觉景观的优势和劣势，适合对多组景观进行对比。

视觉景观质量的研究重点是探究景观元素及特征对景观质量的影响。就其研究主题与方法而言，在20世纪后半期的景观质量评价历史中，存在着专家方法（客观学派）和感知方法（主观学派）之竞争，前者主要应用于环境管理实践，后者在研究领域中占统治地位（Daniel，2001）。近期仍有很多学者将研究重点放在景观元素及特征对景观质量的影响上，在这一研究主题下，主观学派中的心理物理学方法广泛应用；与以往研究不同，近期研究体现出主客观方法的结合。质量评价方法呈现专家方法与心理物理学方法结合的趋势；技术手段也从传统的照片、幻灯片等媒介，发展到应用遥感、GIS和3D可视化等技术的模拟景观动态变化，为景观质量评价向大的时空尺度拓展提供了强有力的支撑，从宏观上为土地利用规划提供科学依据（齐童等，2013）。

（2）视觉影响评价

学者对视觉影响的分析侧重于消极方面。视觉影响通常是指在原本比较协调的感知环境中，介入一种负面格调的实体，使观察者感知到的视觉景观质量下降，包括色彩、质感、体量的不协调以及视域的遮挡等。视觉影响评价实质是从干扰性的角度分析视觉景观质量，这也是环境影响评价的重要组成部分。

近期很多学者在关注城乡建筑以及可再生能源设施（对风场和太阳能电厂产生的视觉影响进行评价）等造成的视觉影响。对城乡建筑物产生的视觉影响进行评价，较为典型的方法为：先通过野外调查、地图、航空影像等获取整个研究区域的地理数据，包括地形、植被、基础设施、土地利用等各种自然和人文因素，在此基础上选择合理的GIS程序对整个区域系统进行整合，进而对不同的景观规划方案进行可视性分析，即对新建筑产生的视觉影响进行量化比较，从而得出影响最小化的途径。

但是，并不是所有的影响因素都能转化为计算机量值，因此借助照片的主观评价方法仍有存在的必要,学者在使用计算机技术分析的同时,也应采用传统的基于照片的问卷调查(Garré et al, 2009; Hernández et al, 2004b),获得公众对不同景观的评价,这两种方法相结合使结论更具说服力。

总结而言,视觉影响评价通常是对景观中存在的视觉干扰性进行分析,分析角度有主客观两个方面。近期学者主要对乡村和城市边缘区的建筑和可再生能源设施的视觉影响进行评价,GIS 技术的应用提高了评价的精确性和客观性,且适用于较大时空尺度,同时基于照片的问卷调查也在大量应用,具有直观的优势,两者结合会使评价结果更加客观。

(3)视觉景观偏好

视觉景观偏好侧重于研究视觉偏好产生机理及应用价值的探索。视觉景观偏好的主要研究议题是不同个体的景观偏好类型以及偏好产生的原因。根据研究侧重点的不同,主要可分为以下两大类:个体或群体特征对偏好的影响和景观特征对偏好的影响。

其中,个体或群体特征对偏好的影响研究中,是从欣赏主体人这一角度出发,探究不同个体或者群体特征对视觉景观偏好的影响;景观特征对偏好的影响研究则是从欣赏的客体——景观出发,探究不同的景观特征对于偏好产生的影响。

在景观偏好分析中,不管分析重点在人还是景观,实际都是从人和自然的相互作用出发,都会涉及对主客体的分析,研究景观偏好的最终目的是使景观规划和建设更贴近公众意愿,且尽可能满足不同个体的个性化需求。

3.1.2 村镇发展与规划研究

1. 村镇发展及规划研究

(1)国外村庄建设实践及理论借鉴

早在 20 世纪 60、70 年代,国外发达国家就开始了村镇规划建设方面的研究和实践工作:德国政府自 1960 年代末开始在全国范围内推行村落更新计划,以挽救日益衰退的乡村,其中巴伐利亚州推行"城乡等值化"计划,被欧盟作为"现代化田园"建设的一个榜样。1970 年代初期,韩国政府在农业萎缩、农村衰退的背景下,组织实施新村建设运动,以政府支援、农民自主和项目开发为基本动力和纽带,带动农民自发的建设家园。1970 年代末,日本的"造村运动"是通过振兴产业促进经济发展,从而使得衰败的农村逐步得到复兴,针对快速城镇化进程中出现的乡村人口"过疏问题"和乡村衰败现象,日本政府制定了有名的农村整备计划,规划并实施了"村镇综合建设示范工程"(韩非、蔡建明,2011)[22]。

我国对于村镇规划的理论与方法研究较少,很多都是借鉴国外已有的理论。自十六届五中全会提出建设社会主义新农村的重大任务之后,也掀起村镇规划研究的热潮，国内学者对村镇规划进行了比较深入的研究。如仇保兴（2006）总结镇村规划区别于城市规划的地方在于：城乡统筹、因地制宜、延续特色、节约用地、生态优先、群众参与、简单易懂、突出重点、适度超前，这也是保证新农村规划成功的基本要素。朱海忠（2008）在全面了解霍华德的"田园城市"的具体设计、经济与政治运作，以及发展模式之后，认为可以在诸如建设目标、具体规划、培育农民的主体意识与"乡镇精神"、正确定位政府职能等方面得出有益于新农村建设的启示。耿慧志、贾晓韡（2010）从村镇体系等级规模的影响因素、现状特征、发展潜力评估和构建策略等几个方面，采用案例研究和理论分析相结合的方式，探讨具有普遍意义的村镇体系等级规模结构的规划技术路线。

（2）我国新农村规划建设目标认知

2000年以后，规划师对新农村建设中的村庄规划进行重新审视，对其研究也逐步成为热点。学者普遍认同村庄规划是新农村建设的手段，既不是简单的村庄改造，也不是单纯的村庄整治，而是要充分落实新农村建设的各项内容。2006—2011年间，不少地区编制了大量的村庄规划，在编制过程中出现了许多共性问题，如产业发展问题，村庄规划与上位规划的关系，人均用地标准问题，规划资金匮乏，村庄建设管理工作相对薄弱等。

仇保兴（2005）分析村庄整治工作容易陷入的4个误区：大拆大建、大包大揽、贪大求洋、急功近利，提出开展村庄整治必须做到5个"先行"，其中"规划先行"放在首要位置，并提出用城乡统筹规划解决农村问题 [23]。我国建筑大师吴良镛先生曾说过"特色是生活的反映，特色是地域的分界，特色是历史的构成，特色是文化的积淀，特色是民族的凝结，特色是一定时间地点条件下典型事物的最集中最典型的表现，因此它能引起人们不同的感受，心灵上的共鸣，感情上的陶醉 [24]。"改革开放以来，我国农村建设取得了一定的成就，但也出现了很多问题，其中很重要的一点就是农村规划缺乏特色，出现"千村一面"的农村现象。党的十六届五中全会提出"二十字"的新农村建设要求后，我国又掀起了社会主义新农村建设高潮，更加注重新农村特色规划。

新农村建设绝不是简简单单的"新村庄建设"，而是由彼此紧密相连、相互促进的五个方面构成的一个系统工程。当然，"新村庄建设"是新农村建设题中应有之义。但村容村貌建设能搞到什么水平、什么程度是由农村经济发展水平、农民收入水平决定的。必须因地制宜，科学规划，把重点放在整治环境、完善配套设施、节约使用资源、改善公共服务、方便农民生产生活上。要防止盲目照抄照搬城镇小区建设模式，谨防搞不切实际的大拆大建，谨防搞脱离实际、劳民伤财的政绩工程和形象工程 [25]。

社会主义新农村建设的目标应是十分清晰的，就是按照党的十六届五中全会提出建设"生产发展、生活宽裕、乡风文明、村容整洁、管理民主"的社会主义新农村建设的 20 字方针。它既包含了农村经济的发展，又包含了农民收入、生活质量的提高；既包含了农村整体面貌、环境的变化，又包含了农民素质的提升，还包含了农村基层民主建设等，是一个全面而完整的系统工程[26]。

很显然，生产发展和管理民主是新农村建设的原动力，也应该成为推进新农村建设的主要着力点。而生产发展由于在地方层面容易掌控，更应成为其中的重中之重；管理民主除了纯政治层面的考虑，在很大程度上也是生产发展不可或缺的重要环节。村容整洁位于新农村建设目标体系的末端（并且在很大程度上是单向的），不宜作为工作的重点，尤其当孤立地追求村容整洁时不仅不具备可持续性，反而会降低资源配置的效率，影响整个新农村建设的成效；因此，在近期适当进行村庄整治，主要的意义在于利用其见效快的特点，迅速调动和激发农民的积极性，但如果农村规划建设此项工作流于形式，或者没能给农民带来持续性的实惠，反而会适得其反（陈鹏，2010）。

借鉴环境问题科学委员会（SCOPE）与联合国环境规划署（UNEP）合作提出的一套高度综合的可持续发展指标体系。该指标体系的指标数量很少，研究经济、社会、环境三子系统，它的理论出发点：研究人类活动与环境之间的相互作用强度（李阳，2010）。

（3）新农村建设规划若干探索

当前新农村规划中最有代表性的是仇保兴 2006 年提出的新农村建设思路的六大创新。他认为新农村建设首先应强调在县域和村庄规划上下功夫，要求县域规划本身进行改革，应切实加强交通等基础设施网络、村庄布局规划调整和生态、遗产资源的保护等方面的规划；其次应明确鼓励建设与禁止建设的内容，从村庄这个层次的规划看，要突出几个"不"：基本上做到不拆房，特别是不拆历史优秀建筑，不劈山，不填河塘，不砍树，不刻意取直道路街道，这就是村庄规划的底线；第三，新农村建设要从侧重项目建设包揽转向善于利用规划统筹协调，新农村建设的本质绝不是用城市和工业替代或消灭农村、农业，而是保护和支援农业发展，促进城市和农村的功能差别化、互补化、协调化发展的过程。所以，县（市）域城乡规划的重点要在承认这种差别化的基础上进行协调总揽规划。

此外，相当多的学者已在规划实践中探索物质规划以外的新型规划方式。黎逸科 2006 年在广东省阳东县平地村的规划设计工作中，将传统村落布局理念融入到现代村落规划中，试图从传统出发探讨现代农民新村规划的新思路。甄延临等（2008）认为村庄布点规划的重点是解决农村居民点重构、建设规模和空间形态的问题，并运用层次分析法的综合评价方法得出村庄发展等级分类。郭琦（2008）认为新农村规划应当引入场所精神，提取场所元素，塑造具有新场所和场所精神的新农村。田洁（2007）提出将城乡统筹思想运用到规划中去。谢晓林（2007）认为广州村庄规划经验对经济发达地区有一定借鉴作用。广州市坚持政府规划引导与尊重农民意愿相结合，规划要有前瞻性，强化规划的法律保障，建设与保护并举，健全城乡规划管理机构等措施解决规划难题。刘健慧（2008）提出单一的城市规划学科不能完成一个完善的村镇规划，只有利用多学科资源优势，才能使村镇规划更具有合理性。规划研究者通过具体案例剖析，探索村镇规划的和管理的思路。蔡穗红（2006）认同新农村建设必须以经济发展为本。学术界一再强调新农村建设是一个长期、渐进的过程，应因地制宜，不能急于求成[27]。

罗明辉、赵沁芳（2008）指出特色规划要求我们规划设计人员深入农村，实地考察农村自然环境、人口分布、民俗风情、经济状况等现状，收集农民意见，对民居、农田、林园、水利、道路、供水、供电、污水排放等进行科学的分析和考虑，保持乡村规划与田园风光的统一和谐，制定出农民满意、切实可行的乡村规划。

张连立（2010）通过对村落的产生与发展历程以及我国农村建设历程和现状加以分析和梳理，总结得出构成农村特色的要素有自然环境要素和人文环境要素两大部分[28]。在此基础上探讨了当前新农村建设中村庄特色消失的原因，然后结合山东省临沂市河东区曹家店村的新农村规划，阐述自然环境要素和人文环境要素在新农村建设中的具体应用，为村庄的特色规划提供指导和借鉴意义。

彭娉娉（2011）认为村庄的规划设计，应立足自身的资源条件和发展优势，从产业、环境和文化等多角度综合思考，打造村庄特色，才能实现促进农村发展和改善村民生活的核心目标。

总体而言，我国新农村建设的特色规划尚处于初步阶段，对地域特色的规划研究还不多。要建设的有特色的社会主义新农村不仅体现在建筑形式和村庄布局等村庄外表上；更要充分体现在当地的地域文化传统和人们的生活生产习俗等内涵上，只有这样才能建设出充满特色、"表里如一"的社会主义新农村。

2. 村镇建设与环境提升相关探索

（1）名镇名村建设规划相关探索

仇保兴（2009）提出，编制历史名镇规划应遵循的"六原则"，第一，注重历史文化遗产的传承。第二，注重独特风味特产的开发。第三，注重和谐自然景观的保护。第四，注重浓郁乡情民风的传承和开发。第五，注重乡村休闲生活的展示。第六，注重优美田园风光的利用[29]。

王景辉提出，规划要从更高层次分析入手，既开发传承独特的风味特产，同时又积极利用历史文化资源，争取多种机遇，提升村镇的综合素质，研究新的经济增长点和适合产业。张婧（2010）认为历史村镇的旅游规划设计可以运用文化空间的相关理论进行指导，即从地域文化的研究开始，继而进行与之适应的物质空间设计。并以湖北麻城古孝感乡都旅游规划设计为例，详细阐述这种设计方法的开展，以达到文化与物质空间统一与交融的目标。李蕊蕊等（2009）以晋江市金井镇福全村为例，结合福全村的现状及历史文化名村保护中遇到的问题，认为新农村建设中历史文化名村保护应采取包括加强立法和宣传力度、公众参与、积极有效的保护性开发、采取多种渠道筹措资金等，解决历史文化名村保护问题。

（2）村镇传统文化传承研究

其中，村镇传统文化传承研究是村镇特色发展研究的重要组成部分。杨豪中等认为，"改造式"村落在更新改造中，其文化传承的具体内容包括：在村落结构及环境改造规划、建筑更新改造等过程中保留传统脉络与肌理，尊重原地风貌，彰显地方特色；对于村落选址布局、建筑院落空间等所体现的传统文化思想予以选择性地传承；在规划建设中要对非物质文化遗产或遗存所依托的物质环境要素进行保护和改造，形成利于非物质文化遗产或遗存在村落中传承的空间和场所（杨豪中，张鸽娟，2011）[30]。杨敏则关注在目前剧烈空前的社会变迁中，农村民俗作为一种悠久的社会制度，其所处的实际境况，以及对现实的和未来的社会生活可能形成的影响（杨敏，2007）。刘春腊（2009）等首先对乡村文化景观资源进行了界定，认为"乡村文化景观资源"是指存在于乡村地域内的，在自然景观上叠加了人类活动及其特殊文化要素的，可以满足人类某种需要并具有一定社会有限性的各种要素或事物的总称。指出新农村建设与乡村文化景观资源利用的以下双向关系：有利于新农村建设硬实力的增强、有利于新农村建设软实力的提升和有利于乡村文化景观资源的动态保护。

（3）村镇景观与环境整治

1）村镇空间同质化现象

我国的新农村建设大多是借用了韩国和欧美等国家的新农村建设模式，在规划上缺乏对本土地域环境的思考，在总体布局采用城市居住区的布局模式，缺乏乡村环境特征，使得大多村落千篇一律，忽视了对地域性景观文化的保护利用，造成了乡村原有特色景观的消亡。如地域特色的民宅、深藏村中的老井与小巷、村口的老樟树、河流、农田、森林等自然景观资源的大量消失（李越群，朱艳莉，2009）[31]。更有甚者，出于急功近利的政绩目的，示范活动成了盲目攀比、盲目跟风的借口，从而导致村镇空间在相互模仿中同质化发展。现在的村镇建设普遍存在同质化现象，具体包括发展模式简单化、空间结构模式化、建筑设计表面化等几个方面的内容（刘奔腾，董卫，2010）。

造成这种现象的重要原因是盲目城市化。一些地方将城市规划和景观设计方法套用到历史文化村落的空间环境中，优美弯曲的道路、河流被笔直的马路、河道所替代，城市广场、城市草坪和城市建筑被不加选择地搬到了古村落，致使古村落丧失了原有的结构肌理和独具特色的文化气息，使一些历史文化的古村落景观变成千村一面（田密蜜，陈炜，2010）。

如何避免村镇空间同质化？首先，应营造出一个具有村民归属感和认同感的艺术造型形态，必须对农村居民的社会行为心理等多层次的需求有足够的认识（胡丽娟，2009）。"农村"会随着城市化的进程与产业结构的调整而逐渐"衰退"，但是"乡村"不能在"造镇运动"的过程中消失，让人们生活在田园风光的"生态人居环境"里，这应该是我国在加速城市化进程中新农村建设所追求的重要目标（王竹，范理杨，2011）[32]。其次，必须阐明"新"与"旧"的逻辑关系。阐明"新"与"旧"的逻辑关系和村庄自身发展的规律和基础对于在规划与建设活动中实现乡土建筑的保护与更新具有重要的意义，这样才能明确在农村建设中应该保护什么、更新什么这一基本问题，要避免简单的"一刀切"操作模式（吕红医，王宝珍，2009）。最后，务必注重乡村环境情与景的结合。搞情与景的艺术涉及并不是要让农民花太多的钱，而是在简洁实惠的条件下利用农村现有的物质基础，通过艺术、设计大师的参与来提高农村的审美度，让农村的整体环境更能给人和谐的美感。当然并非美的环境构建就比不美环境构建的成本高。"环境艺术"并不仅是建筑、壁画、雕塑、园林艺术等的简单相加，而是从整体社会系统出发结合社会与技术的一种形式，因此，必须注意农村归属感设计和农村生态建设设计，做到情与景有机的相互依存（罗俊，2011）[33]。

2）村镇环境景观建设

在城市已越来越雷同的今天，传统农业人居环境还或多或少地保留着一些地域性特色，成为一种渗透了当地习俗风貌以及审美追求的景观形式。

要打造乡村环境景观风貌，必须首先明确农场发展定位，在改造乡土建筑外观的基础上优化乡村生态环境，创造特色重点景观。农村的景致之美，不仅有自然的一面，还有人文的一面，这二者共同构成了具有中国特色的人居环境。因此，农村不仅有自然之美，还有透过那些古色古香的生存环境和氛围体现出的人文精神，值得人们去体会与传承（刘奔腾，董卫，2010）（图3-1）。

要建设景观式新农村，必须因地制宜，注重乡土；尊重传统，继承建筑文化；传承乡情，注重人情味（孙晶，祁嘉华，2010）。新农村建设进程中的环境艺术设计，必须与人们平凡的生活密切关联，注意情与景的交融。新农村建设要创造能表达时代精神的农村环境艺术，必须留意积极向上精神风貌的培育，免让"自然之美"免遭破坏。在农村环境建设中，无论我们坚持着何种崇高的美学思想，也必须服从农村的环境涉及的要求。在此基础上坚持农村地域特色的同时，引导农民改变审美观念，积极创造新的形式（罗俊，2011）。

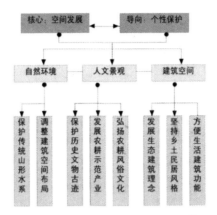

图 3-1 村镇特色空间保护的指导框架图 [①]

3）农村环境建设

农村环境建设包括以下几个方面：农村人畜饮水安全建设、畜禽养殖污染防治、农业污染治理、农村绿色能源开发、农村生活垃圾处理与废水污染防治（罗华、李庆群，2011）。

生态文明时代的村镇建设，一是村庄道路硬化，二是村镇生活垃圾污水治理，三是加强农居安全，四是改善人居生态环境，五是优先发展重点镇（仇保兴，2010）。

在实践中，江苏乡村清洁工程以清洁田园、清洁水源、清洁家园 3 个子工程为载体，以创建生态农业县为主要动力，以省政府办公厅《关于全面推进生态农业县建设的通知》（苏政发〔2004〕21 号）文件为依据加以推进和落实。全省先后有 25 个县（市）政府申报创建生态农业县，经农林厅、水利厅、环保厅、建设厅等 4 个厅审定并报省政府办公厅批准，确定张家港、常熟、扬中等 13 个县（市）作为全省首批生态农业县创建单位（李荣刚、陈新和，2007）[34]。

3.1.3 新型城镇化及乡村发展模式探索

1. 我国城镇化整体发展模式辨析

城镇化模式一直是我国学者讨论的热点。在新型城镇化时期，城镇化模式又有了新的进展。如徐昆鹏、张雯、何鑫（2010）认为鉴于中国新农村建设与城镇化之间的诸多矛盾和问题，为实现城乡协调发展，"带状联结模式"和"中心辐射型"的城镇化模式可作为城镇化的主要参考模式。卢科（2005）认为开创有中国特色

---

① 资料来源：刘奔腾，董卫，2010。

的新型城镇化模式是实施集约式城镇化 ①。王建康（2011）提出传统的城镇化模式是建立在城乡二元分割、行政主导、投资主导基础上。随着我国经济社会整体发展水平特别是人民收入水平的不断提升，城镇化将逐步向消费主导、服务业主导和经济主导型转变 [35]。汪雪峰、冯德显、杨迅周、贾晶（2010）的观点注重了城乡统筹问题，他们指出新型的城镇化发展需要投入相当数量的公共财政资金建设和发展乡村，并要以城乡统筹发展的开放性思维，从要素重组和功能提升的角度，重新寻找城镇化的动力和发展路径。在将"区域"视为一种在更大尺度上协调城乡不同建设活动的背景的情况下，提出把城乡社区一起，建设成为一个可持续发展的有机整体——"区域城镇"的初步思维框架，并针对河南省不同地区的情况，提出"区域城镇"的3种表现形式，即网络型"区域城镇"、均衡型"区域城镇"、极核型"区域城镇"。这一观点与我们目前所研究的课题有很大的相似性。

而对我国如何正确选择城镇化和经济发展模式论述最为深刻的是国家住房和城乡建设部副部长、中国城市科学研究会理事长仇保兴，2009年他在《中国特色的城镇化模式之辨——"C模式"：超越"A模式"的诱惑和"B模式"的泥淖》一文中，通过对西方国家城镇化和经济发展A、B模式 ② 的扬弃和超越，提出要走自己特色的"C模式"。这种"C模式"，就是要处理好城乡和区域的生态环保、宜居和谐与经济、社会对外竞争力这三者之间关系。无论是城市还是乡村的发展，必须既是生态的，以人为本的（当代公平），又是对环境负责的（代际公平），同时又是具有竞争力的。2010年，他又归纳了城乡协调发展的三种模式：一种模式就是美国式的，就是城乡一样化，这种模式是不可持续的。第二种模式是大城市优先发展模式，把发展大城市放至高无上的地位，那就是非洲、拉美等国家的发展模式，那也行不通。第三条路就是城乡互补协调发展，这条路就是现在的欧洲农村、日本农村的发展模式，并且认为这是我国必须要推广学习而且要坚定不移地坚持下去的模式。

2. 新型城镇化发展模式研究综述

从某种意义上讲，"全域风景化"其实就是新时期的一种新型城镇化发展模式。

---

① 集约式城镇化道路，强调的是人口的非农业化，以及非农业人口和非农产业在特定区域的聚集。在追求提高城镇化水平的同时，要数量与质量并重，必须更加重视质量；要速度与可持续发展并重，必须更加重视可持续发展；要实体与环境并重，必须更加重视环境保护；要硬件与软件并重，必须更加重视软件建设；要个体（城市）和群体（区域）并重，必须更加重视区域；要物质文明和精神文明并重，必须更加重视精神文明。

② "A模式"即以美国为首的发达国家的以城市低密度蔓延、私人轿车为主导的机动化、化石燃料为基础、一次性产品泛滥等为其主要特征的城镇化和经济发展模式；"B模式"即以"反增长计划"为代表的采取消极的城镇化、消极的机动化、消极的工业化，取消对资本运动的一切限制，以资本选择来替代民主活动的城镇化和经济发展模式。

对于新型城镇化，我国学者进行了很多探讨。首先，在定义和内涵上，一般都要求以科学发展观为指导，突出社会和谐、城乡统筹等观点（杨晓东，2010；王廷怀，刘斌，2010；张洁云，2011；郭小燕，2011），跳出了过去"就城市而城市、就城镇而城镇"的传统概念。如杨晓东（2010）认为新型城镇化内涵是以科学发展观为统领，坚持以人为本，以新型工业化为动力，以统筹兼顾为原则，以和谐社会为方向，以全面、协调、和谐、可持续发展为特征，推动人本城镇化、品牌城镇化、集约城镇化、城乡统筹城镇化、集群城镇化和绿色城镇化发展，全面提升城镇化质量和水平，走科学发展、集约高效、功能完善、环境友好、社会和谐、个性鲜明、城乡一体、大中小城市和小城镇协调发展的新型城镇化路子。

其次，对于新城镇化的"新"，一般认为当前的城镇化应把重点放在提高城镇化的质量和内涵上，并把城镇化的发展与解决三农问题、解决统筹城乡发展问题联系起来。如仇保兴（2010）认为，新城镇化首先就新在现在需要用质量型的城镇化取代过去数量型的城镇化。所谓质量型的城镇化，就是既要使城市中人们的生活更加美好，同时又能节能减排；第二，新型城镇化一定是均衡化的城镇化。新型城镇化的结果必须是生态、低碳[36]。张洁云（2011）也认为新型城镇化的"新"就是要由过去片面注重追求城镇规模扩大、空间扩张，改变为以提升城镇的文化、公共服务等内涵为中心，真正使我们的城镇成为具有较高品质的适宜人居之所[37]。

第三，在新型城镇化的路径选择上，不同学者从各个方面进行了探讨。潘海生（2010）提出了所谓的"就地城镇化"，就是农村人口不向大中城市迁移，而是以中小城镇为依托，通过发展生产和增加收入，发展社会事业，提高自身素质，改变生活方式，过上和城市人一样的生活[38]。黄亚平、陈瞻、谢来荣（2011）从另一个方面，重点探索了新时期"异地城镇化"出路，提出了"差异确定城市产业转型方向，促进工业化与城镇化协调发展；层次分析城市类型，合理引导人口集聚；加强城镇基础设施建设，提升城镇吸纳回流劳动力的能力"等促进异地城镇化本地化的保障措施。程必定（2011）则以为，从县域走新型城镇化道路的角度看，新市镇①不仅可以成为小城镇化的发展方向，而且应该成为县域新型城镇化的空间实现载体[39]，并列举了一些实例：2010年2月，浙江省温州市宣布，对其境内龙港镇等5个县辖镇进行改市试点，中国大陆出现了第一批镇级市；随后，山东、安徽等省也提出了镇级市试点。

第四，还有些学者对各地的新型城镇化发展道路和做法进行了归纳和总结。如成都市温江区从实际出发，坚持统筹城乡发展的思路和办法，从村庄规划、

---

① 所谓新市镇，是小城镇在由"乡村型"向"城市型"提升转型的过程中形成的、逐渐具有鲜明"城市性"的新型小城镇。

产业发展、公共服务、体制改革等方面加强现代村庄建设，有序推进农民向城镇和新型社区集中，走出了一条新型城镇化道路（唐景明，2011）[40]；河南推进新型城镇化注重"三化"（即新型工业化、新型城镇化和农业现代化）协调发展、产业集聚区建设、低碳经济发展、城镇体系合理布局等（吴德慧，2011；耿明斋，2011），还认为加快新型农村社区建设是实现新型城镇化的有效途径（李政新，白玉，2011）；抚州市推进新型城镇化的做法是建设文化生态名城（陈强，庄国良，江建国，2011）；闽北山区城镇化的路径是创建绿色城镇①，包括绿色城镇与特色城镇相结合、绿色形象与品牌的创立和维护、绿色进程与科技进程的融合与互动、绿色产品的开发和创新等（陈巧云，2004）；近年来，在统筹城乡转型发展的理念导向下，江苏以城乡联动改革为动力，跨越传统的"自我造城"的城镇化老路，逐步走上与社会主义新农村建设互动推进的新型城镇化之路（高峰，2011）等。

3.乡村旅游发展模式等相关探索

钟凤等（2010）提出，以新农村建设为背景的可持续乡村旅游发展的联动关系、空间发展和具体运作三大模式的综合运用为出发点，分别构建以市场、资源和相互关系为基础的联动模型；建立不同资源状态的"增长极""点—轴"和"区域一体化"等空间发展模式；着重从"营销"和"管理"方面阐述了可持续乡村旅游的具体运作模式，提出新农村建设下乡村旅游的可持续发展战略。

柯珍堂（2011）等认为，乡村旅游是农业、农村和旅游业相结合的交叉型产业，它利用原有的农业和农村资源，以及乡村地区独特的生活习俗和生产方式吸引城市居民到农村旅游体验，从而实现农村第一产业和第二产业、第三产业的综合发展，增加农业和农村资源的附加值。尤其是对于经济相对落后、乡村文化古朴的地区来说，乡村旅游在社会主义新农村建设中作用特殊[41]。

郑燕等（2011）对新形势下乡村旅游发展模式进行了相关研究，指出乡村旅游发展的困境集中体现在旅游产品的老龄化、同质化、初级化，分析了乡村旅游困境的根源，强调了旅游资源的相似性与相对稳定性、开发主体的分散性与非专业性、产业要素的约束性与不可替代性三个方面。在此基础上，探讨了破解乡村旅游发展困境的创新战略，指出创新是推进乡村旅游转型升级的关键[42]。

邱玮玮等（2009）根据其开发参与主体的不同分为企业主体开发模式、村集体主体开发模式、村民自主开发模式、政府主导村民参与开发模式、混合型开发模式等五种类型。蒋巷村的乡村旅游的发展模式主要体现为以工业带动，村集体

---

① 绿色城镇就是把生态环境保护纳入城镇建设和发展的目标中，运用新技术、新工艺、新流程来处理和转移城镇化建设中的高消耗、高污染，降低乃至消解有害废弃物的排放，注意对废旧物质的回收处理和再利用等，从而达到保护环境的目的。

主体开发经营，村民参与发展。

王英利等（2008）则根据新农村建设目标、内涵，明确了乡村旅游空间组织类型：即基于旅游系统理论与宏观规划，由旅游资源空间子系统和旅游市场空间子系统构成；基于旅游空间结构与微观建设，由旅游点、旅游线、旅游网络、旅游域面和旅游流构成，前者是宏观建设的重点，后者是微观建设的重点[43]。

3.1.4 相关研究综述小结

全域风景化作为一个全新的概念和课题，目前还没有完全与其对应的研究。最近从党中央到部分省市自治区，都提出了新型城镇化或新型城市化的建设思路。本课题基于相关实践提出的全域风景化战略思想，最大的创新之处在于，在新型城市化发展的背景下，结合广东省发展的实践经验和实际要求，从整体区域和城乡统筹的角度，对城市—乡村区域的发展进行整体考虑，尤其是从乡村地区自主发展的角度入手，把新农村建设与新型城市化紧密联系起来。"全域风景化"的研究范畴，既包含了城镇空间的内容，也包括农村风景化的内容，但研究范畴更多的覆盖到广阔的村镇（农村）地区的发展和建设。从这方面来讲，全域风景化是在新型城市化发展导向下的新型区域发展模式。而且，这一战略思路摒弃了传统城市化路径过程当中偏重"城市"、轻视农村地区的思路，避免走以牺牲乡村地域换取城市化规模扩大、粗放式推进的老路，而且对区域生态环境造成极大的破坏。避免过去注重于"大"城市的量的追求，而忽视质的提升和整个环境"美"的营造，使全域地区成为一道道宜居宜业的美丽怡人的风景。可以说，"全域风景化"是新型城市化趋势下的全新理念表达。

由于全域风景化更多的是注重村镇地区的发展和建设，因此，村镇规划建设的相关研究，包括景观生态学、新农村规划建设、村镇特色提升等很多方面值得我们借鉴，并能从中得到有益的启示。

3.2 典型案例相关分析

3.2.1 国外典型案例分析

1. 欧美

欧美（包括欧洲和美国的典型模式）村镇建设的历史从总体上来说，可以分为两个阶段：

一是西欧的农村建设的雏形就是 19 世纪欧洲的社区规划。当时，欧洲的工业革命达到高潮，人们的生活环境极端恶化，社会矛盾尖锐，空想社会主义者在残酷的社会现实面前，希望改善人们的生活条件，建立理想的生活模式。英国人罗伯特. 欧文于 1817 年提出了基于农业生产和集体生活的"新协和村"（New Harmony）的概念，而事实上新村的组成和布局就是一种最早的农村社区规划模式。二是从 19 世纪到 20 世纪初，国外的乡村建设一直没有间断，但它的重要性没有被人们认识到，这种状况一直持续到二战。二战以后农村规划才受到各国政府和专家学者的注意，并且于 20 世纪 50~60 年代开始了乡村建设和景观规划研究，几十年来规划理论与方法体系逐渐形成并不断完善，目前都已达到十分成熟的阶段[44]。各理论中最为突出的是"城乡等值化"概念，它源于二战后德国巴伐利亚州的城乡等值化实验。该模式主要是通过土地整理、村庄革新等方式，缩小城乡差距，使农村经济与城市经济得以平衡发展，进而实现"在农村生活，并不代表可以降低生活质量"的目的，减少农村人口向大城市的涌入。这种发展模式从此成为德国农村发展的普遍模式，并从 1990 年起成为欧盟农村政策的方向[45]。

欧美村庄发展建设的其中一个重要理念为"城乡等值化"，其核心内涵"不同类但等值"。不同类，是指城乡的形态、规模、产业、景观的不同类，城乡的发展目标、生产和生活方式的不同类；等值是指城乡居民劳动强度、工作条件、就业机会、收入水平、居住环境、社会保障和生活便利程度的等值。"城乡等值"不是城乡等同，也不是消灭城市或乡村，而是指在承认城乡社会形态、生产和生活方式等方面存在差别的前提下，通过大力发展生产力，使城乡居民享有同等水平的生活条件、社会福利和生活质量，共享现代文明。

（1）自然风光的完好保护和呈现

无论是欧洲还是北美洲，都可以看到广袤的乡村地带基本按原貌得到最大程度的保护和呈现，包括发展畜牧业的自然草场、大规模农场以及零星分布着村庄聚落的大面积的山体林地等（图 3-2）。在土地资源的机制保障方面，村镇发展通过进行相应的"土地整理"等制度，引导将分散的小块土地进行合并、将优等的土地置换用于农业生产等，以提高农业生产的规模化程度和集约化水平、提高土地利用率和生产效率。农民的田产和房产是农民自己的财富，农民有权变卖，也有权将其作为信贷抵押到银行申请贷款，开辟新的致富途径。采取"开发"和"保护"结合的方式，实现可持续发展[46]。

图 3-2　西弗吉尼亚草场及俄亥俄州、犹他州的"农村式"郊区

（2）村镇聚落地区设施配套完备

欧美的村镇聚落空间虽然集聚程度不高且分布较为松散（图 3-3），但其对于农村基础设施等的投入在经历若干发展阶段后得到较好实施，使得村镇发展在农村基础设施和公共事业建设上得到了坚实的保障。美国自 20 世纪 30 年代以来，一直重视农村的道路、水电、排灌、市场等基础设施及教育、文化、卫生等社会事业建设，目前大部分乡村的基础设施和公共服务与城市相差无几（图 3-4 和图 3-5）。如 2000 年美国农村公路里程 300 万 km，占公路总里程的一半，虽然承担的运输强度不大，但在经济和社会发展方面具有重要的基础性连接作用[47]。

图 3-3　欧美地区典型的村庄聚落形态　　　　　　图 3-4　美国乡村学校体育场馆概览

图 3-5　美国村镇地区的橄榄球场、道路和农村养牛场

（3）产业层面的农业规模化生产

美国在二战以后现代化加速推进的过程中，努力避免工业挤占农业、城市通吃乡村，用"有形之手"调节"无形之手"：一是通过建立完善农业保护政策体系来促进农业发展。美国始终重视强化农业作为第一产业的地位，并通过种种措施由政

府直接进行扶持。如通过保护性收购政策和目标价格支持相结合的做法来稳定和提高农民收入，通过所谓生产灵活性合同和反周期补贴等形式给予农民直接收入支付。另外，在美国联邦财政补贴项目拨款上，也要求当地政府拿出一定比例的配套资金。二是开展多元化的农民职业技术教育，如"工读课程计划"就收到了很好的效果。三是健全推进城乡统筹协调发展的法律体系。美国政府从 20 世纪 50 年代后期起，制定了一系列优惠的郊区税收政策，鼓励工厂和居民从都市迁往郊区[1]。

其次，从宏观尺度的农业分布状况可以看到，美国农业重点发展地区的覆盖广阔且分布集中，农业最集中的地方在中部（大平原），此外也有几个范围小一点的农业聚集地，比如加利福尼亚州、华盛顿、密西西比河谷、佛罗里达等地。

此外，在分布广阔的农业区域，还依然保留有大量的原始的农业储备设施和畜牧养殖形态，大规模的农场随处可见，大面积的农业种植及丰收场面空前展现，着实令人印象深刻（图 3-6，图 3-7）。

图 3-6　美国乡村的粮仓、储粮罐和加利福尼亚州湾区附近的奶牛草原

图 3-7　美国农业产业规模化生产丰收的景象

---

[1]　李秀东，源于国外城乡统筹发展的做法与经验网络。

欧美农业的发展，主要通过财政平衡政策，投入大量资金和人力在农村地区兴建交通和能源基础设施。动员一些大企业到农村地区建设生产基地，使农民实现就地就业，有效地防止了农村人口的外流，并促进了落后地区的振兴。动员大公司到农村开企业，给离开土地的农民提供新的就业岗位。在农村地区兴办各类教育基地，形成多个教育中心，使相关服务性企业得到蓬勃发展。鼓励各地区因地制宜、发挥优势，展开多种经营，实行积极的产业引导政策。政府设立专项资金，通过职业培训促进农民就业，并对农民开办中小企业提供帮助[48]。

（4）文化层面注重地区特色营造

美国总体而言是个年轻的国家，并未具备丰富深厚的历史文化。但这并不代表美国村庄建设的文化营造无从下手；相反，美国乡村文化的发展往往与当地的农业资源、手工艺特色和美食文化等紧密结合，通过地方特色竞技活动、美食节、农产品及工艺品展销等，以特定的节庆活动和商店展销，打造充分展现地域文化特色的文化景观风貌（图 3-8，图 3-9）。

（5）线性空间两侧的风景化塑造

作为较早开展工业化进程的国家或地区，汽车成为欧美地区人们生活的必备出行工具，公路也无形中成了地区的发展最为主要的基础设施构成。以美国为例，熟为人知的包括美国 1 号公路、66 号公路等，成为了美国沿路风景最为主要的景观承载。然而在广阔的乡村地域，连接不同乡村、村镇及城市间的乡村道路景

图 3-8　美国乡村的特色饼干甜品店

图 3-9　欧美乡村农业特色产品文化展示

观丝毫不弱于那些著名的大型公路，其两侧的景观也随着不同的地域气候、地形、建筑、植物等景观的差异而不同；最为关键的是，两侧的自然景观得到了更为充分的保留，聚落景观能够很好地融入或衬托在自然景观当中，并与自然景观形成和谐的共存（图 3-10）。

图 3-10　美国乡村公路两侧绚丽多彩的风景

2. 日本

日本的农村建设基本经历了三个主要阶段。

第一阶段，1955 年日本农林大臣提出了"新农村建设构想"，并于 1956 年开始了战后首次"新农村建设"。此阶段的突出措施包括在政府指定的区域成立农业振兴协议会；建立新农村建设推进机制，即农村振兴协议会充分发扬民主，集中农民智慧，并与当地政府及团体进行协商，制定农村振兴规划并付诸实施；加大资金扶持力度等。1962 年底，第一次"新农村建设"结束，小规模零散土地普遍得到整治；大批农村公共设施得以建立，促进了农民的进一步联合；调动了广大农民建设家乡的主动性和积极性。然而日本区域间和行业间的差距并没有得到充分解决，特别是在进入经济高速增长期后，这些差距还在不断拉大。

第二阶段，日本政府在 1967 年 3 月制定了"经济社会发展计划"，出台了谋求经济产业均衡发展、区域均衡发展、适应国际化发展趋势、缩小城乡差距、消除环境污染等一整套政策措施，开始了第二次"新农村建设"。在农业及农村方面强调全力推进综合农业政策包括强化基础设施建设，提高农业经营现代化水平；推进保护农村自然环境，提出"把农村建成具有魅力的舒畅生活空间"的目标；鼓励城市工业向农村转移，解决农民就业等。第二次"新农村建设"大大加快了农业与农村现代化进程；农村生产力明显提高；农民收入水平快速上升。到 20 世纪 70 年代初，日本农业基本上实现了机械化、化肥化、水利化和良种化。

第三阶段，到了 20 世纪 70 年代末，由于农村青壮年人口大量外流，后继乏人现象日益严重，为此日本又开始了第三次"新农村建设"。这次活动又被称为"造村运动"。日本政府的措施包括大力推进农村城镇化，以吸引农村青壮年劳动力，同时积极发展地方特色产业；加大建设扶持力度，决定以振兴产业为手段促进地方经济的发展，使逐渐衰败的农村重新振兴起来。在这次新农村建设中，最具影响的是"一村一品"运动，其特点是每个村庄结合自身优势，开发地方特色产品，形成产业基地并积极开拓国际市场。

总的来说，日本农村基本上经历了从消灭城乡差距开始，到推进农业生产环境整治，到提升农村生活水准，到着手营造农村景观，再到注重生态环境整治的发展过程。

（1）自然资源经营

1）高度重视生态环境建设

通过国土综合开发整治规划，将环境保护、资源开发利用、自然生态系统维护与经济发展、产业布局、乡村建设等进行统筹协调，为产业发展、人民生活创造了良好的生态环境[49]（图 3-11）。

日本主张建设村镇公园并听取居民意见让其参与规划建设，力求公园有地区特色，避免千篇一律；保留聚落内原有的农用水渠、蓄水池，建设亲水空间和生态池，发挥其在环保和休闲上的功能；力求弘扬日本庭院特色[50]。

图 3-11 日本平地村落、山川村落和田园村落景观的塑造

2）注重乡村景观生态价值

在工业化、城市化高速发展的过程中，对于乡村所面临的困境，日本进行了"新村运动"。在这些运动的发展中，乡村聚落中的自然要素突破现有景观格局模式，根据本国的情况，融合生态知识与文化背景，对分布于丘陵沟谷和河川平地之间的传统乡村聚落进行合理规划与设计，重塑乡村自然景观，并推动乡村旅游和生态旅游的发展。

日本的乡村建设十分重视对乡村景观要素的保护与经营。通过对森林、水系、农林牧渔生产、建筑、园艺以及民俗文化等农村特色景观的营造，使日本风景如画的乡村随处可见，形成了"里山模式"的生产景观，乡村聚落景观、民俗文艺景观等构成的复合乡村景观系统，推动了各地各种形式的乡村旅游，使日本成了乡村旅游的王国。例如，日本现在的冬季旅游胜地白马村，原本是闭塞、落后的地方，通过开发雪山景观发展乡村旅游，1975 年游客达到 240 万人，原本离乡的人又迁了回来，人口从发展旅游前 1970 年的 6292 人增长到 1980 年的 7131 人，村庄有了新的活力，避免了消亡[51]。

（2）聚落配套完备

市场化运作的、完备的市政公建基础设施：在日本农村地区，市政设施建设与配套都是市场化的，农户主要通过申请向市政管理部门要求配备市政设施。但是，特别对于部分呈散居化的农村地区，管线到户则必然涉及超额的铺设成本，就如在日本农户家看到的那样，仅配套了水、电等基础设施，煤气则使用液化天然气，体现了一种实事求是的态度。

值得称道的则是农村地区的公建基础设施，尤其是污水、固废处置设施非常完备。日本的 3000 多个市町村地区基本上都配备了相应的污水、固废处置设施。这为农村的环境和生态建设提供了切实保障[52]。

（3）产业形态多样

1）传统农业的价值延伸[51]

日本重视农业在国家安全、景观生态、文化教育等方面的多元价值，在提升农业效率，发掘利用农业多元价值等方面走在世界前列。

日本通过前两次乡村建设实现了农业现代化，为二三产业发展解放了劳动力，解决了在一个人多地少、农业资源稀缺的国家如何实现高效高质农业的难题。总结起来：农地改革是前提；农业生产技术和农业组织管理的创新是两大技术支撑。前者解决了土地分散、效率低下的问题，为农地改良，农业规模化、机械化铺平了道路；技术革新则提高了农业效率，孵化了尖端农业；最后组织管理则是通过农协这一民间组织，为高效有序的农业生产、销售流通、配套服务等提供支持。

随着传统农业模式日趋成熟，日本认识到以土地为核心资源的乡村环境能产生集经济、生态、社会于一体的多元价值，诸如景观、教育、健康、观光、休闲体验等，农业不仅是衣食来源，更是乡村独特的资源，田园生活的乐趣之源。

到 1990 年前后，《新粮食、农业、农村基本法》开启了日本农业多功能性的实践。对于农地的功能定位，由单一的生产功能，提升到多元的复合功能。该法案将农业的多元价值界定为除具有农产物供给机能以外的 5 种功能：土地保持、水源涵养、自然环境的保护、良好景观的形成、文化的传承。日本挖掘农业多元价值的方式有很多，如利用农村田园景观、农业生产经营活动以及农村文化，配合地区聚落的建设特色，与休闲旅游结合，形成观光农业；回收有机垃圾来堆肥，转而用在有机生态农业上；实行有机化和创意化生产而形成创意农业；与能源产业、文化产业等其他产业结合，延伸到其他产业而形成能源农业、文化农业；在城市进行都市农业实践等。在日本，农业多元价值的挖掘发展不但缓解了当前农业和农村经济发展中的环境问题，也蕴藏了巨大的经济效益，延伸了农业的价值链条。

2）以国内农业保障为目的、结合农业生产和工业建设的农村多重产业形态

目前，困扰日本农业和农村发展的一大问题就是农业人口的不断锐减和农村老龄化现象，造成农村劳动力短缺。日本采取了积极的农业扶持政策和经济振兴计划。以农业保障为目的，形成结合农业生产和工业建设的多重产业形态。

农村地区多种产业形态的日益发达，允许解放出来的农村劳动力进入到工业、副业和第三产业领域。在日本普遍劳动力缺乏的背景下，他们的这种尝试有其内在的合理性。目前，日本在农田耕种方面已基本上实现了全机械化作业，更为这一形势创造了条件。更多的农户通过委托出让农地使用权，使农业规模化经营成为可能。

其中，日本经济高速增长后，为协调地区经济的不平衡性，在政府的积极支持和引导下，部分工业从城市转移到乡村而发展壮大起来，实现了乡村工业化。工业在城市向农村转移的过程中，大量的农民进入到如春笋般出现的中小型卫星企业中工作，85% 左右的农民通过兼业带来了额外收入，从 1965 年起日本农户的收入首次超过了城市居民，是城市工薪家庭的 1.3 倍；农村也形成新的工业体系，深远改变了农村的产业结构和就业结构，相伴而生了大批包括大片农村地区在内的中小城市，使城市农村连成一片，土地与人的城镇化形成良性互动，实现了城乡一体化。另外，这些不同行业的兼业农民混居在农村中，他们扩大农村消费，同时对加速农村改造和增强农村社会服务机能等起着积极的推动作用，农村生活逐渐城市化、现代化，工农与城乡的差距逐渐消弭。

日本乡村工业可以健康发展，原因是多方面的：其一，教育水平高，农业劳动者较高的教育水平，使他们转入非农产业具有良好的适应性；其二，日本的乡村企业布局比较分散，与农户居住区形成混住化状态，再加上日本农村的交通与物流

十分发达，所以就业者无论是在宅就业，还是远距离通勤都能实现；其三，乡村企业和城市一样重视技术领先，产、学、研相结合，小部分在尖端工业领域也有话语权，并且多数与大企业有长期稳定的契约承包关系，生命力强；其四，注重环境保护，町（村）议会对于工业发展或者环保措施的出台拥有决定权和监督权；其五，政府的政策支持，日本政府先后制定了一系列开发计划，向农村地区引入工业，各级地方政府也推出一系列优惠政策，这对乡村工业的发展起到关键性作用。

3）"一村一品"运动是将本土文化与农村产业成功结合的典范[53]

平松知事倡导"地域振兴、一村一品"运动。"一村一品"不仅仅局限于特产产品的开发上，而且还涉及独特的地域、体育、文化等范围很广的各行各业。在日本，"一村一品"可以是一种产品，也可以是几种产品；既可以是一种文化，也可以是一个民间节庆；可以是有形的，也可以是无形的。最重要的是要满足几个条件：最能体现当地优势，最能占领消费市场；质量优先，经济效益优先；能够使产品获得相当程度的声誉。

"一村一品"运动具有鲜明的地方特色，有着浓厚的乡土文化气息。所确定的产品必须占领全国，要具有放眼世界的眼光。大分县前知事平松先生认为，产品越具有民族特色，其国际价值就越高，也越能得到国际上的肯定。

在"一村一品"运动中，居民们是行动的主体，政府不下行政命令，不拿钱包办，不指定生产品种，不统一发放资金。而是在政策与技术方面给予支持，一切行动由各社区、村、镇自己掌握，这就迫使各基层单位和广大农民放弃依赖思想，依靠自我奋斗。"一村一品"运动中，村里选择什么品目，由当地居民自己决定。一村选三品也可，两村选一品也可。产品选定后需要有效的创新理念，再经过精心加工制作，政府从侧面在技术和市场开拓方面给予支持和援助。

（4）文化成为动力

日本乡村建设对于文化要素的塑造不仅体现在对传统文化与文脉的继承与延续上，对于乡村建设这一行为本身就形成了社区营造、乡村共建、一村一品等社会氛围，文化为乡村地区发展提供了原生动力。

1）文化的传承与文脉的延续

从富山开始，到石川的能登，再经福井、岐阜两县，最后取道名古屋返回东京，沿途考察时多见宏伟的庙宇、传统的民居、受保护的农村古代建筑形态、传统装束的居民，而这些都是经过战后半个多世纪的"西化"发展后的景象——发达的经济社会并未对日本农村居民在历史文化的传承方面造成根本的影响，这确是极有特色。值得一提的是富山砺波地区和福井县松任地区普通农家，内饰格局均维持旧有面貌，色彩凝重，木质结构，雕工精细且设精美神龛，令人马上联想起中国国内的古建筑。而中国国内目前农村地区则注重新式建筑，从 20 世纪 80 年代初江浙地区的二层"洋房",经不断改进到目前的联排住宅与别墅,两种文化影响下的住宅风格取向迥异[52]。

2)以文化艺术激发农村的活力、带动农村的发展

除了"一村一品"运动中本土特色化为生产力之外,近年来,日本像大多数发达国家一样,从物质建设转向精神文化上的追求。在日本,人们对"故乡""原风景"的崇尚与思念使日本新农村建设的潮流进入了一个崭新阶段——以文化艺术激发农村的活力、带动农村的发展,特别是针对那些看起来即将要消失的农村地区的复兴。这项政策出台了一系列鼓励性措施,其中最流行的方式之一就是通过艺术复兴村落,如妹岛和世的"犬岛艺术之家项目"、新泻县越后妻有地区的"大地艺术节"等[54]。

3)培养人才、选拔领导,重视对农民的职业技术培训

人是一切活动中最为重要的因素。一项活动能否获得推广,不仅需要具有前瞻性的带动者,也需要有具备一定素质的民众的积极呼应。开发农村地区居民的民智,提高他们的素质,是可持续最有力的保障。

为此,日本政府特别看中对农民劳动技能和素质的培训。他们组织动员各界力量构成了一个相补的教育体系,有计划、分层次、有重点地开展对农民的免费培训活动,教授农业技术等实用性强的课程[55]。通过适当的形式,增加学校教材中农村环境整治、建设事业的内容,并加大对农村地区的各类形式的宣传、帮助活动,增进青少年一代对农村地区的了解和支持[56]。

"一村一品"运动并不只是物质性的"一村一品",更重要的是精神性的"一村一品"。人才培育是运动的最终目标。地方活力能否带动起来,不仅需要具有前瞻性的领导人,也需要集聚人民大众的力量。因此,在"一村一品"运动中,人才的培养从始至终是重中之重[57]。

4)鼓励农村居民参与政策,强调自主自立

从地区发展规划的制定,到地区环境建设事业的知晓、参与,再到一系列地区居民与建设事业的"共建"式活动,充分反映了日本农村地区居民对地区建设事业的影响力,甚至某种程度上的主导作用。这可以理解为民智发展到一定阶段的产物,但与政府及各类实体的态度也是须臾不可分。

3. 韩国

韩国的农村在 20 世纪 60 年代,农民收入低,生活艰苦,居住简陋,城乡收入差距巨大。在 20 世纪 70 年代初,韩国政府把农村开发列为国家发展战略,开展了"新农村运动"。"新农村运动"的重点在于"精神启发",始终将"勤勉、自助、合作"作为一种民族精神加以启迪。

第一阶段:"新农村运动"初期,韩国政府设计了 20 多种改善农村生活环境

的工程，如桥梁、公共浴池、饮水工程、洗衣池、修筑河堤、乡村公路、新农村会馆等，让各地农民根据自己的实际情况，选择适合当地需要的项目，政府免费向各村发放一定数目的水泥和钢筋支持这些项目。

第二阶段：1973 年，政府开始对不同情况的乡村进行分类，全国的乡村分为三类，一类是基础村，新农村运动的内容是继续改善生活环境，培育自助精神；二类是自助村，运动的内容是改良土壤，疏通河道，改善村镇结构，发展多种经营，扩大农业收入；三类是自立村，运动的内容是发展乡村工业、畜牧业和农副业，鼓励和指导农民采用机械化、电气化、良种化等先进技术，指定生产标准，组织集体耕作，建立标准住宅，修建简易供水、通信和沼气等生活福利设施。

第三阶段：进入 21 世纪后，韩国的"新农村运动"又进入了新的阶段，由运动初期的政府提倡、督导，带有很强的"官办"性质的运动，变成了目前的完全由全民参与的民间社会运动，并且提出了新世纪的更高的发展目标[1]。

（1）自然风貌和谐

韩国聚落景观重视与自然和谐统一：韩国村落入口所看到的皆是青山绿水，村民在建房和修建公路等设施时尽量与山体和草木的风貌保持和谐统一，不以牺牲环境为代价[50]。同时韩国推行"绿色农村、体验村庄生活"，营造乡村聚落绿色风情和田园式生活，吸引城里人和游客，发展体验式经济，每个城市都和一个村子结成对，学习田间管理，或将农田变成野生植物园，供城市学生实习[58]。

（2）聚落设施完善

居住环境（尤其是农村基础设施）得到改善：改善居住环境主要指农村道路、住宅、自来水等基础设施的改善以及电、煤气、电话、医疗卫生等福利设施的建设[59]。新村运动一开始，全国大部分农村都组织实施了修建桥梁、改善公路的工程，1971—1975 年间，全国农村工架设 65 000 多座桥梁，各村都修筑了宽 3.5m，长 2 ~ 4km 的进村公路。到 20 世纪 70 年代末，基本实现了村村通车，极大地改善了韩国农村地区的交通状况。同时兴修灌溉设施和排水沟等生产性基础设施，为发展农业生产发挥了巨大作用[60]。

（3）产业因地制宜

扩大当地居民收入是韩国新农村运动最重要的内容，也是把新农村运动引向深入的前提，包括建设水利设施以及各种农业基础设施、大力调整农业生产结构、发展专业化经营、普及农业机械化、建立村办企业等。

因地制宜，坚持把基础设施建设，提高农民收入作为新村运动的立足点和出发点[61]。韩国农村较我国农村地区差异要小，但仍然存在不同的地理条件，这就

---

① 资料源于韩国新农村建设三部曲. 中国新农村建设网 http://www.xyjj.org/。

决定了开展新村运动，必须因地制宜，根据当地农村发展要求、农业生产条件，把农民摆脱贫穷作为立足点和出发点。韩国的主要做法是：①设定基础设施建设方向，为农民提供水泥、钢筋等物资，但具体做什么，则由农民在新村运动指导者的组织下，根据村里具体的需要来决定水泥的用途。②为村民提供各种工程项目，并给予 50% 配套资金的扶持，鼓励农民通过工程项目的实施，改善农村农田基础设施条件，增加农民的收入。③整个新村运动都始终围绕着提高农民收入展开，或改良品种，或大力发展农业机械、推进农产品加工，或大力推广农业服务体系等，完全根据当地农村发展、农业生产和农民需要采取不同的对策措施。

（4）文化观念转变

1）村民意识逐步变得开放自主

通过新村运动，宣扬了"勤勉、自助、协同"的精神，广大农民通过自己的努力看到了希望，增强了信心，有效调动了农民的积极性。新村运动的成功经验，最重要的一条是成功地激发了农民的建设热情，农村的精神面貌发生了重大变化。当然，韩国成功的前提条件是：不论是社会还是政府，都十分注重搞好教育[62]。

2）对新村领导人进行系统培训

为保证新村运动的顺利开展，韩国政府对新村运动的领导人进行系统的培训，培训课程包括五个科目：成功农民的案例宣讲；小组讨论；与国家安全和经济发展相关的问题；农作物生产技术小桥建造、农舍翻修及自来水供应等工程的基本技能。在 20 世纪 70 年代，绝大多数韩国社会各界负责人都参加了与村庄领导人一起的培训。

3）兴建村民会馆，加强农民之间的信息交流

从新村运动开展的第二年开始，各地农村纷纷兴建村民会馆。会馆建成以后，不仅用来召开各种会议，还用来举办各种农业技术培训班和交流会。妇女会还利用村民会馆进行商品交易，既降低了产品的流通费用，又节省了村民的购物时间。村民会馆还收集了包括农业生产统计和农业收入统计在内的各种统计资料，并经常向村民展示本村的发展计划和蓝图[63]。

3.2.2　国内案例分析

1. 台湾

台湾农村建设新政主要是指台湾当局自 2008 年开始推行的"推动农村再生计划，建立富丽新农村"政策。"农村再生"计划虽然是台湾长期以来农村建设政策的延续，但在整体的政策设计和推动策略上有了较大的创新和突破，更符合农村永续经营的发展目标[64]。

"农村再生"计划的推动以农村为中心、兼顾农民生活、农业生产及农村环境

的整体发展，具体策略主要是通过自下而上强化共同参与；通过计划导向促进土地合理利用；通过社区自治实现社区赋权；通过软硬兼顾引导整体发展。

（1）自然风景预留

注重保护生态，发展休闲体验农业。

20 世纪 90 年代初台湾当局提出了发展"精致农业""休闲农业"的构想，利用有限的资源总量走出了一条技术含量高、农产品附加值大的现代农业之路。台湾注重保护生态，提出发展休闲体验农业的理念，所到之处青山绿水，各种农场、农庄与自然环境和谐地融为一体[65]。考察中，我们参观了花露休闲农场、魔法休闲农场、关西金勇 DIY 休闲农场等休闲农业基地，从简单的农业生产拓展为集种植、教育、娱乐于一体的生态庄园，农业逐步由第一产业拓展为第一、三融合的产业，已逐步为社会广泛认知和认同。苗栗县南庄乡从引进养殖鳟鱼、品尝鳟鱼到开发民宿逐步发展生态休闲旅游。至目前，辖区共有各具特色的休闲庄园 20 多座，全年共有 300 多万人次前来休闲旅游，被评为全台湾第二个休闲农业示范区。

（2）聚落景观营造

1）营造适宜人居的生活空间

策略重点是实施整体推进，即软硬件建设同步推进。不仅有社区绿美化工程，更有居民认知能力与综合素质的全面提升，在结合社区自身资源优势与特点的基础上实施社区环境改善，融入产业活化、生态保育、文化传承的功能。在提升农村社区生产增值功能的同时，将社区打造成为吸引居民回乡居住的宜居家园。另外，在社区软硬件建设方面，重视当地文化与技艺的传承和创新，并运用减法哲学，实现减脏乱点、减破败屋舍、减闲置空间和减灾的目的，以营造适宜人居的生活空间，维护生态环境[64]。

2）社区"自治"——强调农村社区的自主精神

要求由当地农民组织和团体推举成立社区代表组织（一般为社区发展协会），对农村社区发展提出再生计划构想和实施目标，拟定计划书向"政府"提出申请。同时，以优先补助方式，鼓励农村社区订立社区公约，对农村社区内的公共设施、建筑物及景观进行管理维护，以深化社区居民的参与，确保农村再生计划建设成果。社区公约在报经县（市）主管部门核定后，对社区居民就有了拘束力，对于违反社区公约者，社区组织代表可请求县（市）主管部门命其改善。

（3）产业形态打造

专品质——推进农产品的品种改良

一是推进品种改良。注重农业科技的研究与实践应用，加强农会组织对农技、农产品的推广，提升农民的农技水平，推进农产品的品种改良。二是严格农药农肥。加强农药的检测监控，推广有机肥料的运用。严格农产品市场准入，各镇市农会、合作农场、农产品贸易市场均有农药残留生化检验站，对进入市场的农产品实施检测。三是注重培训农民。台湾农会负责对农民进行新产品、新技能及品牌意识的培训。通过培训，台湾农业从业人员素质普遍较高，质量意识较强，大多能自觉主动地按照标准化的要求和规程从事农业生产经营。苗栗县公馆乡枣、大湖乡草莓、铜锣乡杭菊、新竹县关西镇西红柿、桃园县新屋乡大米等名扬各地。

（4）文化特色展现

讲文创——注重文化传承和保护：台湾注重文化传承和保护，苗栗县客家文化博物馆、新竹县文史馆展示了客家先民在台湾的奋斗史。台湾农业在从传统农业向现代农业发展过程中，历史、文化、乡土等元素不断融合，形成了农业为主体，体现农业多功能性特有的农业产业文化。如苗栗县公馆乡石墙村的农耕壁画、三义木雕博物馆。走进苗栗县大湖乡，浓浓的草莓文化气息扑面而来，除了草莓糕点、草莓红酒等食品外，草莓形象广告，草莓形状的饰品、气球，印有草莓图案的手提袋和服装，甚至垃圾箱都成了草莓样。历史文化挖掘、文化创意融入休闲观光农业是台湾农业的一大特点。在花露休闲农场利用当地带根须的楠竹竹根，稍加修剪和雕饰，便成活灵活现的麻鸭。就连男厕的小便池，也采用葵花、菊花等花瓣造型；民宿里的台灯用根雕和丝瓜瓤做成，让人惊叹不已。

2. 浙江安吉

安吉县农村建设主要经历三个阶段：第一阶段，1998 年以前是全国的贫困县，产业发展走了工业化的道路，造成了环境的污染和破坏。第二阶段，1998~2008年，安吉县放弃工业化发展道路，改为生态立县的战略，于 2006 年获得我国首个"国家生态县"称号。第三阶段，2008 年至今，提出建设"中国美丽乡村"的建设目标，加快旅游产业与农业的融合发展。

（1）自然风景预留

1）强调因地制宜，培育地域特色和个性之美。乡村之美固然在于乡村优美的自然风光和田园野趣，但是如果千村一面，则也会缺乏生机和活力，容易引起审美疲劳[66]。安吉美丽乡村建设，一是坚持从实际出发，立足当地产业和资源环境。二是因地制宜，分类指导，不拘一格，根据各地自身的特色优势，创造性地开展工作。三是通过不同的个性、风格和内涵，体现不同的田园风光、乡村特色，建设多模式、多形式的美好乡村。

2）坚持生态先行，探索生态文明之路。安吉的美丽乡村建设，把生态优势转化成为生态效益，青山绿水变成了金山银山。对于生态资源应坚持在开发中保护、在保护中开发，乡村成为生态的涵养地、旅游的目的地，实现人与自然和谐相处。

（2）聚落景观营造

实施"环境提升工程"，农村人居环境全面改善。安吉对所有行政村和自然村进行了村庄环境整治，重点整治村庄建筑乱搭乱建、杂物乱堆乱放、垃圾乱丢乱倒、污水乱泼乱排，积极开展改路、改水、改厕、改塘，使村庄人居环境达到布局优化、道路硬化、村庄绿化、路灯亮化、卫生洁化、河道净化、环境美化和服务强化的"八化"标准。通过美丽乡村建设，全县农村环境监管能力显著提高，农民环境保护意识明显增强，农村环境质量大为改善[67]。

（3）产业形态打造

实施"产业提升工程"，农村产业持续发展。安吉注重优化产业布局，将全县原有15个乡镇和187个行政村按照宜工则工、宜农则农、宜游则游、宜居则居、宜文则文的发展功能，划分为"一中心五重镇两大特色区块"和40个工业特色村、98个高效农业村、20个休闲产业村、11个综合发展村和18个城市化建设村。安吉以农业为基础，大力发展现代乡村工业，注重产业配套衔接，实行村企结对帮扶，带动若干村发展特色经济，形成"一村一品""一乡一业"块状集结的乡村工业集群[68]。

（4）文化特色展现

实施"素质提升工程"，农村乡土文化日益繁荣。安吉注重加强农村优秀民族、民间文化资源的发掘、整理和保护，尤其是竹文化、孝文化和昌硕文化的保护，涌现出了书画村、畲族文化村、生态屋、山民博物馆等各具魅力的文化景观，形成了农村吸引城市游客的一大卖点。

3. 江西婺源

婺源乡村旅游启蒙于20世纪90年代中期，10多年来婺源旅游从零起步，经历了起步、放活和整合三个发展阶段。第一阶段20世纪90年代中期至2000年，起步阶段，以社会市场自发经营为主，乡村建设缺乏统一规划，不能形成完整的景观体系。第二阶段2001年至2006年，放活阶段，民营企业逐渐挺进旅游市场，实现"放手民营、政府主导"的发展方式，乡村建设引入整体规划，协调发展的思想，并尽可能形成统一的风格特色。第三阶段为2007年至今，整合阶段，组建婺源旅游股份有限公司，由社会分散经营向县域旅游资源整合，进行规模化、资本化运作转变，乡村建设实施严格规划管理，各种建设活动一定要把保持传统风格摆在首位，凡与原建筑风格相冲突的，一律禁止[69]。

（1）自然风光彰显

1）青山——保障高植被覆盖率，根据山体多样性开发多种旅游产品：婺源的山不仅植被覆盖率高，而且层层叠叠、绿荫浓密，在全县境范围内放眼都能看到连绵山体；同时，婺源的山又呈现多样性，有利于开发多种旅游产品，以适应不同的客源市场和旅游需求，如珍珠山乡的周边山林可开展野炊、烧烤、狩猎、垂钓、农家乐等休闲度假旅游活动，海拔1600m的大鄣山可开展登山、观光等旅游项目。

2）秀水——保障水质清澈，延续水乡蜿蜒意境：水之秀，一是清澈，二是柔和，三是有良好的生态环境为衬托，婺源之水三者皆备。由于婺源没有工业污染，水质很清，十分可贵。而且，河水皆在大地的绿丛中蜿蜒流淌，极富意境，正适合休闲旅游的需要。

3）古树——挖掘生态价值与观赏价值，打造特色游览景点：婺源山体中有大量珍贵树种和古老树木，如灵岩洞国家森林公园的石城古树林、镇头的千年古樟、珍珠山的楠木林等，都是极具观赏价值的树木和树群。由于古树生长茂密，而形态各异、交错生长，构成了一幅天然妙成的画面，本身即成为了一个独立的游览景点（图 3-12）。

图 3-12　自然风景化之婺源山水

（2）聚落景观营造

1）古建——开发特色民居官宅，集合型与独栋型保护并存：民居官宅是婺源旅游产品中的一大特色，分布广泛。目前，已开发相对成熟的是小桥流水人家的李坑、江湾、晓起等，它们都是以民居官宅这一主题来吸引游客。另外，除集合型的村落，也有特殊价值的单栋建筑，如理坑的云溪别墅、许村的徽商豪宅、游山村的雕刻精美的民居等，这些建筑细腻别致，更具考古价值、艺术价值、摄影价值。

2）田园——四季不同景观塑造乡村最亮丽风景线：婺源的田园风光五彩缤纷，随四季而变，春季油菜花开，一片嫩黄；插秧季节，株株稻秧植入水田，绿苗茁壮；秋季收获时节，农田一片金色。正因为婺源田园风光的无限变化，使得摄影爱好者趋之若鹜，摄下这中国乡村的最美镜头（图 3-13）。

（3）旅游产业发展

婺源的旅游资源十分丰富，但应以旅游资源的差异和特色来选择开发项目、确定时序；具体包括资源数量、等级差异、地段差异、开发规模差异和产品内涵差异，力争"由异质形成特色，由特色形成优势"。

图 3-13　聚落景致化之婺源古建与田园

1）十大精品开发——"精品"是从旅游景区的角度来讲，把已成熟的或资源丰富但尚未开发的旅游景区进行重新包装、精心策划，使该景区成为婺源旅游的"拳头"产品，以吸引更多游客。婺源十大精品开发包括"伟人故里"江湾（图 3-14 左）、"生态绿洲"晓起（图 3-14 右）、"理学名村"理坑、"小桥流水人家"李坑、"国家森林公园"灵岩洞群景区、"奇险绝秀"大鄣山、"养生宝地"秀水湖、"商埠名村"汪口、"宋代廊桥"彩虹桥和"梦里水乡"月亮湾[70]。

图 3-14　"伟人故里"江湾镇（左图）与"生态绿洲"晓起村（右图）

2）十大亮点开发——"亮点"则是从某一处旅游景点、某一道自然景观、某一处特色建筑，或是当地特产、运动项目等特色旅游产品，它们独具风格，形成一道亮丽的景观。婺源十大亮点开发包括华夏鼓吹、名人广场、百鸟翠林、养生家宴、珍奇四色、文公阙里、丛溪漂流、徽商豪宅、金庸祖源和鸳鸯奇观。

（4）地域文化传承

1）文脉——"祠堂文化"打造理学之乡：婺源文风昌盛，是理学之乡。婺源各姓祠堂和每家厅室处处显示出本乡本土的文化脉络，是全国立祠最多的地区（图3-15 左）。各家厅堂，书斋、厢房的格局、布置、摆设注重诗礼传家，人文教化。

在婺源这片乡土上，经过县学、书院、义学、社学、私塾和学堂不同层次、不同形式的代代教育，勾勒出鲜明的文化光环。

2）民风——传承与普及百年民俗文化：婺源民俗包含粗犷、神秘的傩舞、徽调、地戏、鼓吹、抬阁、灯彩等地方曲艺（图 3-15 右）。每逢四时八节、婚庆嫁娶，婺源四乡百姓自扮自演，到处是千姿百态、流光溢彩的舞动。同时婺源以"徽州文化生态保护试验区"建设为契机成立婺源文化研究所，加快对婺源传统文化的挖掘整理力度，积极推进民俗文化走向市场[71]。

图 3-15　婺源祠堂文化（左图）与傩舞民俗（右图）

（5）线型风景塑造

婺源旅游线路（图 3-16）的开发遵循以下原则：主题导向性原则（每条线路都有一个鲜明的主题）、品质独特性原则（线路设计有独特品位）、需求针对性原则（有一定的市场基础和需求潜力）、市场规模性原则（旅游线路的目标市场具有规模性，能够保证盈利）、构件互补性原则（线路设计不同构件之间相互衔接、互补，切忌产生替代关系）和线路通达原则（设计具有可进入性，其中最基本的因素是交通因素）。在此六大原则基础之上，婺源的线型风景化塑造主要依托三条黄金线路[70]：

1）黄金线路 A（东线）：紫阳镇——月亮湾——小桥流水人家（李坑）——汪口——晓起——江湾——萧江大宗祠——董公陵园，以"追随伟人足迹，游览千年古村，感受古风古韵，畅游梦里水乡"为主题；

2）黄金线路 B（北线）：紫阳镇——思溪延村——理坑——浙源——彩虹桥——长寿古里——严田民俗园——灵岩洞，以"欣赏廊桥奇观，体验民俗风情，灵岩古洞探奇，浙源瀑布观景"为主题；

3）黄金线路 C（西线）：紫阳镇——文公山——许村古建——秀水湖——凤游山——金山茶园——鸳鸯湖，以"领略古风古建，休闲度假养生，品味生态茶园，游赏鸳鸯奇观"为主题。

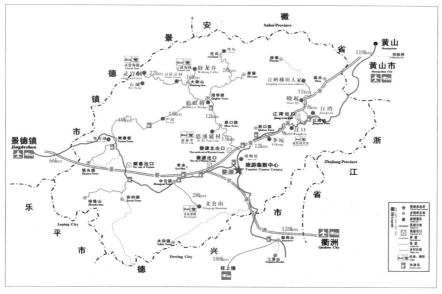

图 3-16 婺源旅游交通游览图

4. 四川汶川

汶川曾因"震中"而成为世界关注的焦点。2008 年 8 月，国家汶川地震灾后重建规划组编制了《国家汶川地震灾后恢复重建总体规划》。如今，农旅发展与灾后发展振兴相结合的创意，使汶川结出"全域景区"硕果，再度以"世界汶川，水墨桃源"闻名中外。

（1）自然景观重塑

1）震后划定生态重建区：将资源环境承载力很低，灾害风险很大，生态功能重要，建设用地严重匮乏，交通等基础设施建设维护代价极大，不适宜在原地重建城镇并较大规模集聚人口的区域划定为生态重建区，其功能定位以保护和修复生态为主，建成保护自然文化资源和珍贵动植物资源、少量人口分散居住的区域。这一带主要分布于四川龙门山地震断裂带核心区域和高山地区，甘肃库马和龙门山断裂带，山西勉略断裂带以及各级各类保护区等。

2）滨河湿地景观打造：结合区域地质条件，由水泡、树岛、灌木岛等生境构成岷江及其支流的沿河景观绿地，形成了斑块之间的隔离带，起到了保持水土、涵养水源、减小河流对两岸侵蚀，同时截留水分、固结土壤、减少水土流失的作用，为水体净化、多种鸟类和生物的栖息创造条件[72]。

3）自然林地景观打造：布局自然林地，重塑景观基质，维护区域自然生态平衡，保障物种多样性，同时固结土壤、涵养水源，减少水土流失。合理控制人类活动影响，使得该地区成为物种多样性极丰富的区域（图 3-17）。

图 3-17　汶川三江生态旅游区

（2）聚落景观营造

1）城镇聚落景观打造：在山间台地布局居民点，形成独具特色的少数民族聚居区（图 3-18）。在居民点周围种植绿化树木，减轻环境污染，以减少对生态核心区的干扰。居民点主要承担居住功能，同时又兼具旅游功能，特色的羌族民居和藏族民居可供观赏游玩，同时围绕民族文化发展特色产品，如牦牛系列产品（牦牛肉、牛角梳、牛骨饰品等）、藏族酥油茶、羌族特色饰品等。

2）乡村田园景观打造：在居民点外围布局耕地菜园和麦田，一是这一地块地势较为平坦；二是居民就近耕作，景观相容度较高、敏感度较低，是自然生态的前沿缓冲区。农业用地的主要功能是粮食生产，但是由于区域土壤肥力不高，因此要保持土壤肥力合理耕作，防止毁林开荒。

图 3-18　汶川乡村聚落与田园景观

（3）休闲旅游发展

1）同镇管理、差异发展：汶川分别实施以映秀、漩口、水磨、三江为南区的汶川熊猫生态文化旅游区和以绵虒、威州、龙溪、雁门为北区的羌族文化生态体验区建设。南区着力发展映秀体验游、水磨休闲游、三江度假游，北区着力发展绵虒农耕劳作体验游、县城重建成果感受游、三村古寨文化体验游，既避免全域景区内同质恶性竞争又推动休闲农业与乡村旅游错位发展，形成产业有特色、处处是风景的休闲农业与乡村旅游发展新格局。

2）一村一品、一乡一特：按照"农民主体、农旅互动、农村社区"的方式，汶川把休闲农业与乡村旅游纳入全面推进社会主义新农村建设总体规划，把全县作为一个景区来规划，把集镇作为一个小城来设计，把村庄作为一个景点来建设，把农户作为一个文化小品来改造，基本形成了"一村一品、一乡一特"的乡村旅游定位和发展格局[73]（图3-19）。

图3-19　地震摧毁的映秀镇（左图）与灾后重建的映秀镇（右图）

（4）文化建设重点

汶川资源富足，世界文化自然遗产和自然保护区集中，旅游资源丰富，有我国唯一的羌族聚居区，是主要的藏族聚居区之一，多元文化并存、历史人文资源独特[74]。灾后的文化建设重点是保护具有历史价值和少数民族特色的建筑物、构筑物和历史建筑，保持城镇和乡村传统风貌，建设羌文化体验旅游区、龙门山休闲旅游区、三国文化旅游区和大熊猫国际旅游区等彰显本土文化特色的旅游风景名胜区。

（5）线型风景塑造

实施重振旅游工程，加强精品旅游线路建设，恢复重建旅游交通设施及沿线旅游服务区、服务站。汶川精品旅游线路包括九寨沟旅游环线、藏族羌族文化旅游走廊、地震遗址旅游线、大熊猫栖息地旅游线、三国文化旅游线和川陕甘红色旅游线。

1）道路交通景观带打造：结合道路总体形象定位及沿线景观具体条件，将交通干线道路景观带分为两种类型。一类是半开敞型景观，即将沿线景观有选择地引入道路中，形成近景和中远景的混合界面，道路边坡植被以常绿小乔木为主，局部种植低矮地被；另一类是开敞型景观，即将沿线景观引入道路中，形成一定范围内连续开敞的中远景视域界面，道路边坡植被以常绿灌木丛和低矮地被为主。

2）道路沿线山坡景观带打造：在道路沿线的山地缓坡上种植地方特色果林，

包括樱桃、枇杷、核桃、梨等。利用特色果林的观光价值和销售价值，带动旅游业和其他产业发展，在果林下饲养土鸡或种植草莓、韭菜，开展采摘游，使得生态环境和产业高度协调。

3）滨河沿线湿地景观带打造：水岸两侧为缓坡草地和乡土乔木林，林木由疏至密，绿化种植以见绿为美，树大成景、树大成林，形、色、香搭配，季节变化，移步换景（图3-20）。基调树种选择适合当地种植的乔木、灌木及地被，如槐树、银杏、红枫、海棠等[72]。

图3-20　汶川线型景观风景化塑造

5. 江苏

江苏省农村建设主要经历三个阶段，第一阶段，1958～2000年，农村工业化阶段。重点实施"以工补农""以工建农"政策，以集体经济为载体、以加工工业为主导产业，乡镇企业迅速发展壮大，在农村工业化的基础上，继而推动整个城乡的工业化进程[75]。第二阶段，2001～2003年，产业结构调整与农业产业化发展阶段。该阶段江苏省对农业产业结构进行了全方位的战略性调整，同时通过农业产业化、农业市场化、农民组织化促进农业现代化的建设。第三阶段，2003年至今，城乡一体化发展与新农村建设阶段。该阶段江苏省加大了对农村公共产品的供给，逐步改变城乡公共产品供给"二元"结构。

（1）景观体系构建

山脉水系贯通连接，构建城镇景观体系：江苏省地理形势有80%平原，而且区域水网稠密，全省有6个地理景观区域（苏南包含2个：环绕太湖流域的江南水乡和宁镇山脉区域；苏北3个：黄淮平原、滨海平原以及北部低山丘陵区域；苏中1个：江淮平原区域）[76]。在大尺度景观区域范围内，山脉水系贯通连接，依托共同特征的地理景观作为底蕴，而非局限于个别乡村小范围。江苏省内有大运河沿岸城镇景观体系，太湖流域城镇景观体系，淮河流域城镇景观体系，长江中下游城镇景观体系和宁镇山脉城镇景观体系。

（2）聚落空间设计

1）建筑空间设计蕴含自然审美观念：现代乡村建筑常以实用功能为首要原则，以模仿大城市建筑形态为标准，丧失了中国传统人文尺度。乡村建筑面临广阔的田园，相比大城市拥挤的居住空间更为宜人，设计应蕴含自然审美观念。苏南同里镇、周庄等乡村建筑面临是田园、河流和街道，建筑群有多层空间进深，内部有天井、庭院和园林，以青砖粉墙灰瓦造就素雅、含蓄的村落景观[76]（图3-21）。

2）提炼传统乡村田园景观理念，设立传统人居环境形态：自然标志物有风水地貌、风水山石、风水林等，它们积淀有地方重要的景观理念；人文标志物有庙宇、祠堂、牌坊、碑刻等，它们是地方民众文化传承载体，包含人地关系的传统理念。这些标志物的保存和修建对于地方文化的传承具有重要意义，江苏省历史古镇寺庙定期举办集市庙会，是世代民众祭拜自然天地的重要文化场所。

图3-21　江苏美丽乡村聚落景致化照片

（3）产业发展特色

1）农业产业化与农村工业化并行：培育与市场需求相适应的特色农业产业，延伸产业链，实现贸工农一体化；以发展乡村工业为导向，推进农村经济由农业主导型向工业型转变，整合农村的土地、人力等资源。

2）城乡统筹发展：依靠强大的集体经济，以县级政府为主体推进工业反哺农业、城市支持农村，推动公共服务设施均等化的建设。

3）乡风文明与农村经济互动发展：通过新农村文化建设，培育农村科技、教育、卫生及法律制度、思想观念、伦理道德等新文化，提升农民素质，促进农村新生产和生活方式的形成。

（4）文化传承方式

保存田园牧歌景观，显现传统审美文化价值：很多乡村都有数千年农耕经济传统历史。苏南有持续数千年水稻田景观，苏北也有悠久的旱杂粮农田景观。现代城市化发展冲击着这样农田景观，乡镇都在大搞工业开发区。设立传统形态的乡村田园保护区，以传统方式耕作维持其土地的原生农业，保存其千年乡土朴素而又优雅的田园牧歌景观。显现乡土传统审美文化价值，成为珍贵的人地和谐景观资源与旅游资源。

6. 有关"全域化"的实践探索

（1）"全域城市化"——大连

2009 年，大连提出要建成辽宁沿海经济带核心城市，市委提出来加快推进全域城市化战略。

全域城市化是指在城市化的中后期，区域经济实力积累到一定程度，在市场配置资源的基础作用和上级政府的协调和统一推进作用下，城市化的主要空间过程从少数几个点通过城镇体系扩散到整个区域，从而增强对农村的辐射和带动作用，实现城乡协调发展和共同进步，通过人口、要素的自由流动和优化配置，实现区域一体、协调的城市化过程和区域整体竞争力的提高。

全域城市化与区域一体化是既有区别又有联系的两个概念，区别主要体现在两者的着眼点。全域城市化要解决的是如何在区域范围内更好地实现城市化，从而推动区域的发展。城乡一体化和全域城市化紧密联系，城乡一体化是全域城市化的目标之一。全域城市化的落脚点不仅在城市和城镇体系，它着眼于全域，在实现城市化空间扩展的同时改善了农村的发展环境和城乡关系，可以促进农村发展和城乡互动，为城乡一体化创造条件。同时，农村是城市化过程的另一端，是城市化健康发展的支持。只有农村与城市形成互动，共同发展，才能实现可持续的城市化。

全域城市化是什么？第一，社会形态：一种新型的城乡形态，改变城乡割裂的二元社会结构。第二，核心价值：取向是现代化，即现代城市和现代农村。第三，着眼点与落脚点："均等大连"的境界，就是人们在城市能享受到的好处，在农村也一样能享受到。第四，实现时间：不是短期目标，而是长期目标。

（2）"全域城镇化"——昆明

昆明推出全域城镇化建设"113334"模式，即"一引领一改革三重三置换三区联动四保障"，形成了"城中村改造、开发区（园区）带动、县城规模扩张以及新城镇和新农村建设"。这四大全域城镇化建设工作路径，实现了全域城镇化建设的规范化、特色化和多样化[77]。

何谓"113334"模式？"11"为规划引领和户籍制度改革；"33"为"三重三置换"，即实行农地重整、村镇重建、要素重组，以宅基地、承包地及农村集体资产的用益物权置换城镇产权住房、社会保障和股权；"3"为"三区"联动：坚持农民集中居住区、产业园区和商贸服务区"三区"统筹、联动发展；"4"为"四保障"，即住房、就业、社保、社会公共服务。

（3）全域生态化——眉山、莱山

1）眉山全域生态化战略

"全域生态化建设将以发展生态经济、开展环境整治、保护自然生态为主要内容，以转变经济发展方式，推进生态经济建设为核心；以抓好细胞工程建设为重点，最终改善民生和优化环境，实现全面、协调和可持续发展。"[78]

充分发挥区域资源环境优势，实行"优化开发"、"重点开发"、"限制开发"、"禁止开发"等差别化的区域开发和资源环境管理政策，积极进行结构调整，科学、有序开发岷江、青衣江等流域水电资源。大力发展太阳能、生物质能等可再生能源。大力发展特色产业、新兴产业和现代服务业，大力发展环保产业，在节能减排、环境基础设施建设、废弃物循环利用、生态修复等领域，实施一批示范工程，扶持和培育一批节能环保产业基地和企业[79]。

大力打造生态工业，建设一批循环经济型企业、循环经济示范园区、清洁生产示范园区和生态工业园区。大力发展生态农业，强力推进都市近郊型现代农业发展，推广农业集成技术，扩大测土配方施肥面积。大力发展生态旅游业，把眉山建设成为省内一流、国内知名旅游目的地。大力推进能源资源节约，实施能源资源差别化管理，强化低碳理念，加快供水、供电、供气计量改革与建筑节能改造，强化矿产资源节约和综合利用。

2）莱山全域城市化、全域生态化战略

作为烟台东部高技术海洋经济新区的核心区域之一，莱山提出了"全域城市化、全域生态化"的发展思路，确立了"北部都市化、南部城市化"的城市发展目标，北部完善提升，南部全面开发，统筹城乡发展，城市建设与管理同步，全面推进城乡一体化进程，实现南北大融合。

完善提升莱山北部城区，实现"都市化"。加快北部三个街道的城中村改造，推行连片开发改造，建设一批城市综合体和高端产业地产项目，按照基础设施先行、重点项目带动的思路，进一步完善北部城区路、水、电、暖、气等基础设施，着力打造现代化都市核心区，实现"城市化"。

综合开发莱山南部区域，实现"城市化"。设立省级旅游度假，抓好围子山生态旅游度假区保护开发，加快园区扩容步伐，同时打造卫星休闲城镇，稳步推进新农村建设，全力建设生态文明综合示范区，实现南部开发大融合。

全面加强城市管理，实现"精细化"。深入推进区、街、村三级网格化、精细化环境管理体制，形成"条块结合、以块为主"的城市管理模式，实施"净化、绿化、亮化、美化"工程，全面推进生态建设，实现"全域生态化"。

3.2.3 总结

通过对国内外案例的综合对比和分析，总结出全域要素打造在农村建设及与城镇协调发展的过程中应做好以下几个方面的工作：

（1）重视自然空间风貌与区域文化特色化的形成，为打造品牌特色提供保障。

（2）重视基础设施和公共服务设施的全覆盖和不断改善，以"城乡等值化"为目标，为农村发展创造均等化的基础性条件。

（3）重视产业经济尤其是农业产业发展的基础性地位，以农为本，同时以一、二、三产业联动为目标，实现区域经济的多元化增长。

（4）重视教育的发展，提升农民素质，为农村城镇化发展提供人才保障。

（5）重视社会保障体系的建立和完善，为农村城镇化发展奠定良好的社会基础。

（6）重视城乡规划和管理，为城镇化提供制度和法律保障。

第4章

"全域风景化"与佛冈村镇建设探究

4.1 佛冈打造"全域风景化"的外部环境分析

4.1.1 广东省发展新动态

1. 加快转型升级、建设幸福广东是落实广东"十二五"发展的核心

经过改革开放 30 多年的快速发展，广东已全面进入经济社会发展转型期，传统发展模式难以为继，推进科学发展、转变经济发展方式任务艰巨、刻不容缓。与此同时，民众追求美好生活的内容形式更丰富。追求更体面、尊严和高质量的生活，已成为全社会的强烈呼声和价值追求，增进民生福祉的任务同样艰巨，刻不容缓。

中共广东省委十届八次全会上表示，中央提出的"科学发展"主题、转变发展方式的思路，落实到广东"十二五"的发展，核心就是要加快转型升级，建设"幸福广东"，不断增强市民群众对城市的认同感、归宿感和自豪感。其中，转型升级是手段，"幸福广东"是目标。所谓加快转型升级，就是要着力提升自主创新能力，加快建设现代产业体系，促进内外需协调拉动经济增长，促进城乡区域协调发展，促进经济社会协调发展，从而夯实物质基础，保证人民群众有更给力的幸福，更长久的幸福；而建设幸福广东，就是要坚持以人为本，维护社会公平正义，保护生态环境，建设宜居城乡，改善社会治安，保障人民权益，畅通诉求表达渠道，满足人民群众文化需求，从而强化转型升级的目的依归和价值导向，使转型升级成果更好地转化成人民群众福祉[80]。

2. 名镇名村示范县建设是贯彻落实广东省"十二五"规划的重要举措

广东省"十二五"规划纲要提出，坚持发展、保护与文化传承相协调，科学编制村镇规划，促进村镇内部合理分区和公共服务设施合理布点，加强与外部基础设施的衔接，推动名镇名村建设试点。建立健全新农村建设示范、扶持、激励机制，开展"万村百镇"整治，因地制宜地拆除空心村、合并小型村，规范对农民自建房的建设管理，努力打造安居、康居、乐居并具有岭南特色的宜居村镇。

2011 年广东省政府决定用两年时间打造一批名镇、名村、示范村，通过样板示范，带动全省农村宜居建设。清远市佛冈县和云浮市新兴县作为省级示范县，在广东省名镇名村建设中起到了"标杆作用"。

佛冈名镇名村示范县建设就是在名镇名村建设和示范带动的政策思路引导下出现的，是新时期广东省促进城乡协调发展、提升镇村综合发展水平且同时提升城市化发展质量的新举措，也是推动镇村走新型的更加健康可持续发展道路的重要抓手。通过示范带动，以期在广东省范围内形成良好的影响和示范效应，从而为全省的镇村建设和农村发展提供可供参考与借鉴的典型模范。

3. 村镇自主发展提升是广东城镇化发展的新型道路选择

历经 30 余载,作为中国改革开放的先行区,广东省地区整体经济取得了举世瞩目的跨越式发展,尤其是珠三角地区核心城市的发展、城镇化的推进和中心城市建设水平的提升等方面成绩卓越。与此同时,广东地区的发展仍面临诸多问题和困境,如区域发展不平衡、地区间差距不断加大、环境污染严重、城乡地区面临发展瓶颈难以为继等,严重阻碍了地区整体优化提升和城乡协调发展。在上述问题中,其中尤为显著的是,广东城镇化的发展模式粗放,各地拼土地拼资源现象严重,距离广东省提出的"绿色、智慧、包容、人本"的城镇化理念目标相去甚远。

由此,传统的以城市化扩张和侵吞为主导的发展模式亟需反思和纠正,突破城乡发展的瓶颈,解开阻碍村镇发展的桎梏,把"自城而乡"的单向发展视角转向更侧重于"以城促乡、自乡而乡"的双向发展路径,从城市化拓展到城市化与生态化、旅游化等乡村资源特质等相结合的发展道路,共同推动村镇地区的优化改善及其健康可持续发展,从而实现地区城乡发展的双赢,是实现广东地区整体均衡发展、提升广东省城镇化发展质量的必然路径选择。未来,广东省仍将争当实践科学发展观的排头兵,成为提升我国国际竞争力的主力省、探索科学发展模式的试验区、发展中国特色社会主义的先行地。而以村镇的发展提升为基础保障的城乡协调发展,是广东发挥先行区作用、实现科学发展的重要组成。

4.1.2 珠三角发展新特征

随着国际金融危机及国内经济形势发展变化,珠三角进入城市化、工业化、信息化快速发展的新阶段。寻找既能充分发挥珠三角比较优势,使经济保持快速增长,又能促进产业布局合理化;既能提高区域创新能力和核心竞争能力,又能符合区域发展的现代化、国际化方向,实现经济效益最大化和生态环境不断改善的优化产业布局的途径是现阶段珠三角地区面临的主要任务,其目的就是要把珠三角建设成为带动环珠三角和泛珠三角地区经济发展的龙头,成为带动全国经济发展更为强大的引擎,成为全球最具核心竞争力的大都市圈之一[81]。

1. 已形成"广佛肇""深莞惠""珠中江"三大经济圈格局

自从 2009 年 3 月底,珠三角在各市现场会上开创性地提出建设"广佛肇""深莞惠""珠中江"三个经济圈的战略构想以来,珠三角加快了区域经济社会一体化进程。据 2012 年 8 月 8 日发布的《2011 年度珠三角区域推进经济圈建设工作分析研究报告》,2011 年广佛肇、深莞惠、珠中江三大经济圈建设实现了八大成效。其中交通基础设施一体化率先突破,为区域一体化发展提供了有力的支撑。2010 ~ 2011 年,"慢""快"相结合的珠三角轨道、绿道——"双道"建设突飞猛进，广佛地铁、广珠城轨等轨道交通线及一批干线高速路相继建成通车，年票互通、"三环八射"城际轨道交通网络、绿色廊道网络体系建设的推进为珠三角区域一体化提速提供了基础性条件。产业合作八仙过海，各显神通，效果凸显。表现最为突出的是广佛肇经济圈，形成多中心梯度分布的空间发展格局；"深莞惠"形成以深圳为中心，东莞、惠州为辅的多中心点轴发展格局；"珠中江"则形成多中心均衡分布的空间格局。

2.产业总体分布呈非均衡状态，产业布局正处于产业集聚与扩散并存阶段

以珠江口为中心，以港澳为辐射源，珠三角的产业总体分布呈现出：珠江口沿岸各市即广州、深圳、东莞、中山、珠海、佛山等的产业发展比较发达，而离珠江口越远地区，其产业发展依次减弱，如惠州、肇庆和江门。

部分城市如东莞、惠州等正处于产业集聚与扩散并存的阶段，即劳动密集型加工业，已开始向周边地区扩散，但重化工业、新兴产业和第三产业中的生产性现代服务业正处于加速集聚阶段。总体看，"广佛肇""深莞惠""珠中江"三大经济圈部分城市尚未进入产业扩散阶段，部分城市经济聚集发展的空间仍比较广阔，珠三角核心城市的资金、技术集聚势头仍在加强。

3.农村城镇化建设取得了良好经验，形成了特有模式

珠三角是广东省最大的城市发展区域，也是全国范围内城镇化增长最为迅速的重点区域之一，城镇化水平相对较高，其发展经验主要有：①各级党委、政府对加快农村城镇化建设非常重视，把城镇化建设规划摆上工作的重要议事日程，加快中心城市发展步伐，增强中心城市的辐射力度。②着力抓好工业园区建设，以工业化带动城镇化。为了强化对乡镇工业布局的规划调控，促进土地、资源的合理配置，珠三角各市纷纷加大工业园区的建设力度，鼓励乡镇企业向园区集中，吸引外资、民营企业进园投资，以工业化带动城镇化，以产业化促进城镇化发展。③加大基础设施建设的投入。珠江三角洲地区在城镇化建设中，以创建文明村镇为机遇，加大基础设施建设的资金投入，按照高标准严要求的原则，逐步实现城乡一体化的建设目标，为市民和企业创造了优美的生活和投资环境。④通过加快农村工业化建设，调整农村经济结构，发展农业产业化经营，进一步推进了农村城镇化发展，加快了农村劳动力转移，提高了农民的非农收入，并确保了农民收入的稳定增长。

4.1.3 粤东西北外围地区发展趋势

1.粤东西北将成为广东未来新发展的主战场

当前，资源短缺已经成为世界各国发展共同面对的难题。珠三角地区由于空间密集、资源短缺，正面临发展难以为继、后劲不足的严峻考验。而资源丰富的

粤东西北地区作为广东未来新发展的主战场，将成为广东未来 20 ～ 30 年发展转型能否成功的关键所在。只有借助当地的丰富资源，将粤东西北地区的发展与珠三角的发展结合起来，才能为珠三角和广东转型升级提供支撑。为此，粤东西北地区要积极实施"绿色发展"战略，避免走资源消耗、环境污染的传统发展路径，不仅要向资源节约型、环境友好型转变，还要大胆探索"资源增长型、环境保护型"的发展新模式，促进经济社会良性循环发展；摒弃"见物不见人"的城市建设方式，营造与自然浑然一体的山水田园城市，探索文明宜居、承载力强、可持续发展的建设新模式①。

2. 粤东西北须走出有别于珠三角的城市化新路

由于区位、交通、发展机遇和政策安排等多方面因素，粤东西北地区整体发展缓慢，城市化质量和水平偏低。因此以地级市城区扩容提质为抓手，不断提高城市发展水平，推动工业化、信息化、市场化和国际化进程，带动区域城乡协调发展，以不平衡的发展方式来解决发展不平衡的问题迫在眉睫。

粤东西北地区要落实绿色、低碳、人本、智慧的城市发展理念，规划建设紧凑型城市，构筑以公交为主的交通体系和步行友好城市；推广低冲击式城市开发模式，增加可渗透地区；管制性保护开敞的各类绿地、水体、湿地以及其他自然斑块，以本地物种和立体绿化等多种形式的绿化增加绿量，形成多物种生态系统；维护和延续城市的文化、历史格局和建筑特色，激发历史街区活力，实现历史空间与现代功能的和谐共生；按照节地、节水、节材、节能的原则，建设适合当地气候、具有地方特色和文化元素的绿色建筑；以信息网络为基础，高质量建设市政基础设施以及公共服务设施，全面推动智能化城市管理，建设管理高效、互联融合的新型城市②。

4.1.4　外部区域环境与佛冈发展新选择

外部区域环境的新变化对佛冈的冲击和影响无疑是重大而深远的，在新的时代背景下，佛冈如何选择一条符合自身发展的新型道路至关重要。"全域风景化"旨在改善地区风貌环境、提升地区实力及其特色水平等，统筹城乡协调，促进均衡提升，通过乡村环境改造、景观风貌整治和产业转型等途径，实现地区风景品质的提升和促成整体风貌特色的形成，最终使得地区的发展能够最大限度地利用自身资源优势获得长足提升，这与广东省"加快转型升级、建设幸福广东"的"十二五"时期的战略目标是完全一致的，也是有效应对珠三角发展新特征、新

① 广东省促进粤东西北地区地级市城区扩容提质五年行动计划》解读，南方网 http://news.southcn。

② 粤东西北地区未来蓝图 走有别珠三角城市化道路，http://gov.163.com/1。

问题的良好措施，更是符合粤东西北走新型城市化道路、实现城乡协调的发展新趋势。

1. 佛冈与珠三角之间合适的时空关系是实现全域风景化的优势条件

佛冈县位于广东省中部、珠江三角洲边缘或环珠三角内环，处于珠三角地区与粤北欠发达地区的结合部和传承地，成为珠江三角洲核心功能向粤北及其它内地省份延伸、辐射的第一站，发挥着"承南启北"的重要作用。

县城——石角镇距离广州约 76km，距离广州白云国际机场 50 多公里。京珠高速公路的修建，使佛冈融入了广州"1 小时经济圈"。而广州、深圳作为珠三角地区最具经济活力的发达地区，而且是人口密集程度和出行人数比重最高的核心城市，佛冈可借助其独特的自然环境与资源条件，依托大都市地区的客源市场，大力发展旅游业，并以旅游统筹和引导三大产业的发展，逐步实现全域风景化。

总之，这样的区位关系使得佛冈实施全域风景化时既能及时、有效地获得省政府的关注和指导，又便于接受珠三角地区的强力辐射，全面实施"桥头堡"战略。

2. 广州及珠三角社会经济快速发展和旅游市场变化及其所产生的强大需求态势，为佛冈全域风景化的建设带来了强大的推动力

根据国家统计局 2019 年 4 月 2 日发布的《2018 年广东人口发展状况分析》，截至 2018 年底，广东常住人口 11346 万人，继续居全国首位，比上年增加 177 万人，增长 1.58%。占全国人口总量的 8.13%，人口密度为全国的 4.35 倍。同时，粤港澳大湾区（由香港、澳门两个特别行政区和广东省广州、深圳、珠海、佛山、惠州、东莞、中山、江门、肇庆（珠三角）九个地市组成）总面积达 5.6 万 km^2，2018 年末粤港澳大湾区的人口为 7115.98 万人，珠三角 9 市常住人口占粤港澳大湾区人口总量的 88.55%。

世界旅游组织专题研究表明：一个国家或地区人均 GDP 超过 3000 美元时，会出现排浪式的旅游消费热潮，而广东省已超过这一标准两倍多，由此可见广东省的旅游业已经进入了高速发展时期。据统计，2018 年，广东省旅游总收入共计 1.36 万亿元，全国排名第一。从另一个方面来讲，2018 年我国城镇每百户汽车拥有量达到 40 辆，较 2013 年的 21.5 辆几乎翻倍。其中，珠三角是全国人均汽车拥有量最高的地区。而调查显示，在旅游出行方式选择上，私家车和包车旅行超过 60%，自驾游中，短假过夜旅游占重要比例。这就说明珠三角短假自驾游形成了强大规模，为省内旅游提供了高质量客源。

总之，广东省具有旅游消费能力的人口规模日益庞大，并对省内旅游需求旺盛；而珠三角短假自驾游形成规模，为省内旅游提供了高质量客源。这样的形势发展，

将对佛冈县全域风景化的建设产生强大的刺激效应和有力的客源支持，佛冈应该抓紧把握机遇，及时调整应对战略。

3. 清远的发展及其与佛冈的关系，对佛冈全域风景化的影响和作用

从近 10 多年的发展情况来看，清远市域的经济重心逐渐南移，佛冈的地位不断上升，在旅游产业发展上也成为清远南部地区重要的经济增长极（图 4-1）。不仅经济总量在清远市名列第四，人均 GDP 和地均 GDP 更是名列全市各县首位（除清城区外）。因而经济发展的潜力很大，具有良好的发展前景。

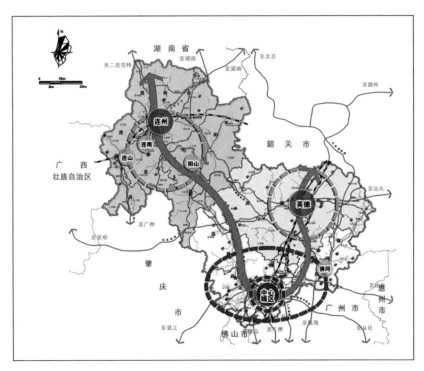

图 4-1　佛冈县与清远市旅游体系的关系

按照国际通行规律，一个地区人均 GDP 超过 3000 美元，其在文化、旅游的消费能力将大大提升。2018 年，清远 GDP 总量为 1,565.19 亿元，同比增 4%，在全省排名第 14 位，在粤北地区排名第一位。第三产业增加值 791.0 亿元，增长 1.9%，对地区生产总值增长的贡献率为 23.6%，这其中交通运输、仓储和邮政业增加值增长 4.0%，批发和零售业增加值增长 2.9%，住宿和餐饮业增加值增长 3.7%，金融业增加值增长 4.6%，房地产业增加值下降 5.4%[①]。

①　数据来源：佛冈县统计局关于 2018 年国民经济和社会发展的统计公报。

2018 年末，清远拥有国家"5A 级"景区 1 个，"4A 级"景区 19 个，"3A 级"景区 6 个，星级酒店 15 家。全年接待旅游总人数 4398.5 万人次，增长 10.4%。实现旅游总收入 346.2 亿元，增长 11.6%。接待入境旅游人数 17.9 万人次，增长 3.1%。其中，外国人 1.05 万人次，增长 0.8%；港澳台同胞 16.9 万人次，增长 3.3%。国际旅游外汇收入 1.02 亿美元，下降 39.1%。接待国内游客 4380.6 万人次，增长 10.4%；其中，过夜旅游者 1274.8 万人次，增长 8.5%。国内旅游收入 339.5 亿元，增长 12.0%[①]。

目前，清远市已形成了"漂流、温泉、民族风情、山水、奇洞"为特色的旅游品牌，前来清远旅游大多数游客还是来自珠三角和省内其他地区，旅游的主要目的是"观光游览"和"度假休闲"，对清远最感兴趣的是"自然风光"和"新鲜空气"。而佛冈已形成了以"温泉""生态旅游"为代表的特色休闲旅游品牌，并且仍有上岳古民居、洛洞村等一大批丰富的旅游资源尚未开发，旅游业发展前景看好。

经济地位的提升，为佛冈全域风景化的建设提供了资金保障；特色资源丰富、旅游品牌良好则为佛冈全域风景化的打造奠定了坚实基础。

4.2 佛冈打造"全域风景化"的突出优势

4.2.1 毗邻珠三角核心区的区位优势突出

佛冈县位于广东省中部、珠三角北部边缘、清远市东南部，处于北回归线北侧，东经 113°17′28″至 113°47′42″、北纬 23°39′57″至 24°07′15″之间，与从化、新丰、英德和清远市清城区毗邻，为粤北往来广州及珠江三角洲地区的要塞之地，也是距离珠江三角洲最近的外围县域。

佛冈县交通便利，为粤中北交通枢纽。106 国道与京珠高速公路，南北向贯穿全县，且京珠高速在县内设有高岗、佛冈（县城）、汤塘三个出入口。通过以高速公路为主干的交通网络，极大地改善了佛冈的对外交通条件，拉近了佛冈与珠江三角洲核心地区的距离，使得佛冈县与珠江三角洲各大城市间都在 1～2h 的车程半径内，基本上进入广佛一小时经济圈和生活圈。

4.2.2 可挖潜性更强的后发地区优势显著

1. 有待大幅提升的经济基础

（1）自然与人口：佛冈县的地形以低山、丘陵为主，地势自东北向西南倾斜。境内低山、丘陵、谷地、平原交错，大多在海拔 300m 以下（图 4-2 左）。全县

---

① 数据来源：佛冈县统计局关于 2018 年国民经济和社会发展的统计公报。

土地面积约 1295.3 平方公里，人口约 32.07 万人（六普常住），共性质区域 8 个，其中建制镇 6 个（含 78 个行政村、12 个社区）（图 4-2 右）、省级林场 1 个（国营羊角山林场）、省级自然保护区 1 个（观音山自然保护区）。

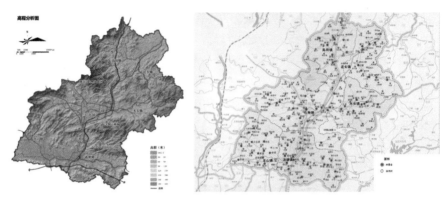

图 4-2 佛冈县境内地形分析与县域村镇分布

（2）经济与产业：2018 年，全县地区生产总值 139.23 亿元，比上年增长 5.0%。其中，第一产业增加值 14.43 亿元，比上年增长 5.2%；第二产业增加值 64.45 亿元，比上年增长 8.6%；第三产业增加值 60.35 亿元，比上年增长 1.1%。三次产业结构比为 10.4：46.3：43.3[①]。佛冈人均生产总值达到 43971 元，比上年增长 4.6%。在产业布局上，沿路（106 国道、京珠高速公路）布局指向性明显，并从整体上呈现出明显的"南工北农""南强北弱"的产业布局差异。

2. 自身寻求突破的趋势要求

（1）佛冈县整体经济发展水平持续提升，粗放式的发展瓶颈日趋严重

近几年来，佛冈县做大经济总量，经济实力跃居清远市各县区的上游。但由于发展方式依然较为粗放，经济发展的质量普遍不高，产业发展层次较低，资源消耗过大，环境约束趋紧，区域发展不平衡日益突出，粗放型的发展模式难以为继。

（2）丰富的资源优势有待挖掘

佛冈县相对优质而且多元的地域特色旅游资源优势，如沙糖桔园、豆腐节和文化民俗等，是佛冈县可持续利用的宝贵资源，尽管旅游资源在近期内成效难以显著，但其对于生态环境和居民生活居住质量的长期维系作用却难以替代。而且，旅游开发如果适度合理，其对地区的经济发展影响必将是深远而越发有效的。

（3）以"全域风景化"引领地区产业升级

主要通过旅游带动产业升级的全域风景化，将进一步强化佛冈优越的区位优

---

① 数据来源：佛冈县统计局关于 2018 年国民经济和社会发展的统计公报。

势和良好的生态环境优势，为其发展新兴产业、直接切入珠三角产业链高端、实现跨越式发展提供承载空间。

3. 得天独厚的特色资源条件

（1）特色自然风景资源

1）山水

佛冈地貌奇特，境内山地、丘陵、谷地、平原交错，形成了崇山叠嶂、群山环抱的雄伟景观，呈现了"东北高、西南低"的地势特征。其中，县城北面的观音山（图4-3左）为粤中第一高峰，也是世界冠名观音山之最高峰，被称为观音山之王，观音山名称的来历源于它形如一尊栩栩如生的巨大仰卧观音像，是世界最大的天然卧观音，此观音佛像源于自然、巧夺天工，佛冈地名由此而来；佛冈的第二座高山是通天蜡烛，这个山的山顶上其它树木相对比较少，唯有杜鹃花特别多，每年3~4月份，山上的杜鹃花盛开时节，通红通红的杜鹃花百花齐放，染红了整个山头，远处看去就像一支已经点燃的蜡烛一样，故名叫通天蜡烛；此外，还有独凰山、羊子栋、羊角山等。

佛冈县溪流密布，源远流长，主要水系由潖江和烟岭河两条较大的河流所构成，其余有潖二水、四九水、龙南水、黄花河等若干支流。其中，佛冈县第一大河潖江河（图4-3右）横贯南北，水绿鱼肥，沿岸两侧芦苇丛丛，荷叶片片，有如壶天灵境，美不胜收；观音山东麓的龙潭飞瀑，溪流自悬崖如白龙飞跃而下，注入寒潭，嘭然声喧，甚为壮观；黄花湖（图4-4）钟灵毓秀，水光潋滟，珍稀氡温泉便在此发源，流淌至今已千万年。大自然赋予的好山好水，使佛冈成为"珠三角的后花园"和都市人新的"休闲养生度假天堂"，吸引了各方游客纷至沓来。

2）田园

沙糖桔种植遍布佛冈全县，漫山遍野的沙糖桔种植园地形成独特的农林景观，与草莓田、荔枝林、龙眼园、蔬菜基地、大竹海（广东唯一的大竹海观音山千亩竹林）等相映成趣，美不胜收。

图4-3 世界最大天然卧观音与悠然流淌的潖江

图 4-4　钟灵毓秀、水光潋滟的黄花湖

3）温泉和矿泉

佛冈县境内蕴含了丰富的温泉与矿泉资源（表 4-1）。矿泉水有国内稀有的天然碳酸泉——黄花湖矿泉，黄花白石矿泉；已发现的地下热泉有 10 多处，目前已利用的有汤塘热水塘温泉（水温 73～81℃，可供医疗和水产养殖用）、水头龙美温泉水（可供洗澡用）、石角镇塘二温泉（可供冬天养鱼等）、迳头大陂九鳅落湖温泉等。

佛冈县温泉、矿泉分布表 [①]　　　　　表 4-1

名　　称	所在地名	水温（℃）	流量（吨/日）	备　注
汤塘热水泉	汤塘镇热水塘	73～81	700	自冒热气（氡泉）
黄花湖矿泉水	黄花河水库坝脚下	28	100	天然碳酸泉
黄花白石矿泉	黄花公路旁	38	143	石缝中涌出，属硅化石英脉中泉水
荣埔契憩茶	汤塘镇荣埔	29	——	——
鹤田暖泉	龙山镇鹤田	31	——	——
塘二暖水塘	石角镇塘二暖水塘	38	——	——
塘一杨群	石角镇塘二杨群	38	——	——
龙美温泉	水头镇莲瑶凹尾	38～40	——	——
九鳅落湖温泉	迳头镇大陂九鳅落湖	40～42	——	——
社冈下温泉	高岗镇社冈下	32	——	——

① 资料来源：《佛冈县志》（2003 年第 1 版）。

（2）特色人工风景资源

1）古建筑村落

佛冈拥有多处独特的具有历史价值的客家风貌村落。最有代表性的是上岳古民居（图4-5），它始建于南宋，盛于明清，蕴藏着深厚的文化建筑艺术精华，每幢房屋清一色青砖黛瓦，雕梁画栋，"锅耳楼"高低错落，古物古迹、灰塑彩绘、浮雕木刻随处可见，栩栩如生，具有鲜明的岭南建筑艺术风格，是目前广东规模较大、保存较好的古村落；汤塘古围屋（图4-6）则聚集了300余座旧屋，朴实宁静，古韵犹存；迳头墩围为有地方特点的建筑，建造工艺精湛；迳头土仓下村的建筑具有北方的四合院与南方的客家围合成的独特风格；迳头八宅围按传统建筑建成民居及祠堂，其中最有特色当属的锅耳楼。这些特色村庄是佛冈风景资源的重要组成部分，村庄融合了客家文化与广府文化的精髓，并体现了与山水自然环境的协调统一，特有的民俗文化也为村庄风景增加了深厚的文化底蕴，让人们置身于古香古色的村落中，探寻着古代文明的遗迹，享受静谧乡村之美，感受历史文化气息。

图4-5　国家历史文化名村——始建于南宋时期的上岳古民居

图4-6　汤塘古围屋

2）温泉度假区

凭借丰富的温泉优势，国家 4A 景区——聚龙湾天然温泉度假村（图 4-7 左）、森波拉温泉度假区（图 4-7 右）、黄花湖温泉度假区（图 4-8）、金龟泉生态度假村（图 4-9）等旅游旗舰迅速崛起，成为佛冈旅游的亮丽名片。其中"金龟泉"为原创 4A 级苏州园林式的温泉水疗养生主题生态假村，"水逸园"为五星级温泉水疗会馆酒店，精于温泉水疗和野溪温泉，专于苏州园林与中华养生，以金龟泉、金龟溪、黄蜡石为"三绝"，集天然、古淡、精灵、独辟"四美"之大成，在广东温泉界独树风声。

3）新型住区

①佛冈奥园：传承了奥园独有的品质和风格，强调人文的关怀，将地中海风格建筑融入自然环境，构筑出原味地中海风情的国际社区。它以"地中海异国风情"为基调，力求营造一种"国际、健康、休闲、富足"的生活情调（图 4-10）。

图 4-7 聚龙湾天然温泉度假村与森波拉温泉度假区 ①

图 4-8 黄花湖温泉度假区

① 广东首个以火山奇景为主题的温泉，被誉为"中国第五代主题温泉"的开创者，有 88m 高仿真火山。

图 4-9 金龟泉生态度假村

图 4-10 地中海别墅之城——佛冈奥园

②碧桂园·清泉城：最大限度保留了地块原有的地形地貌，四周群山环抱，山色连绵。别墅依山依势而筑，潺潺溪水蜿蜒其中，家家观景、户户亲水（图4-11）。

图 4-11 佛冈碧桂园·清泉城

③云星钱隆天下：有高层洋房、商务公寓、中心庭院、围合式街区商业等多种建筑形态，既有机揉合了地中海的贵族度假品味，又具有中国南方建筑舒展飘逸的线条美，系目前佛冈地标式的住宅建筑群。

④时代花园：既具备岭南风格、但又是四合院模式的高档别墅群，其中还包括两个占地 100 多亩的人工湖。

4）产业园区

①佛冈县食品饮料工业园：位于汤塘镇，规划总面积约 8km²。以农产品深加工为主打品牌，辅以模具、吹瓶等机械设备制造业，形成较具规模的农产品加工产业链，着力打造省内乃至国内上规模的生态科技产业园。其中加多宝集团有限公司在工业园内建设饮料项目。

②江森约克科技工业园：位于龙山镇和汤塘镇，规划总面积约 20 多平方公里。以空调制冷、电子化工、陶瓷为主导产业。目前，已有约克、亿利达、新菱、博华等知名企业入驻园区，成为清远市首批省级产业集群升级示范区之一、全市首个省级火炬计划特色产业生产基地。

③建滔电子科技工业园：位于石角镇西南部，规划总面积约 7km²。以高新技术产业为核心，以生产铜泊、电子、不锈钢产业、铸造为重点，重点发展新型材料、机械加工、工业物流等产业。目前园区已进驻企业 60 多家，规模以上企业 29 家。其中佛冈建滔实业有限公司是一家香港上市公司。

④顺德北滘（佛冈）产业转移工业园：位于高岗镇和迳头镇，总规划面积约 30 平方公里。以绿色、生态、环保为发展理念，以玻璃、机械制造、轻纺等为主要产业。2009 年 6 月被省老促会认定为广东省首个革命老区工业园，并作为其调研联系点。

（3）特色文化风景资源

1）乡土文化

佛冈乡土文化由客家文化与广府文化融合而成，其中北部偏客家文化，而南部偏向广府文化。主要的乡土节庆活动有：与西班牙番茄狂欢节相媲美的高岗豆腐节（图 4-12）、妇女以独特方式闹元宵的汤塘舞被狮（图 4-13 左）、舞灯庆丰收的田心鲤鱼灯（图 4-13 右）、祈求兴旺发达和吉祥如意的龙山抢花炮（图 4-14 左）、具有鲜明特色的民间传统活动——吉河洞接三王（图 4-14 右）等。

2）佛教文化

佛冈佛教文化源远流长，观音山王山寺为建于唐宋年间香火鼎盛的一古刹，目前扩建的王山寺景区已经成为佛教文化的重要场所（图 4-15）。

图 4-12 高岗社岗下村风俗传统豆腐狂欢节（左图）和世界最大的水豆腐（右图）

图 4-13 汤塘舞被狮（左图）与田心舞鲤鱼灯（右图）

图 4-14 龙山抢花炮（左图）与吉河洞接三王（右图）

图 4-15 观音山王山寺

佛冈各乡镇主要特色风景资源统计表 ①　　　　　　　表 4-2

	面积（km²）②	人口（人）	村（社区）	自然村	主要特色风景资源
高岗	174.04	31066	8+1	104	观音山自然保护区，海明堡旅游度假村，高岗水库，无公害蔬菜种植基地；豆腐节，土猪肉，客家古村落——新联村，战国古墓
迳头	185.02	31370	10+1	115	通天蜡烛，独凰山，霸王花种植基地；陂下大院，甲名村，石咀头村，墈围，八宅围，土仓下村，舞火龙
石角	347.68	116900	17+6	247	羊角山漂流，黄花河漂流，黄花石寨，森波拉度假森林，放牛洞水库，养生园，田野休闲农牧农庄，盘古旅游度假村，时代旅游度假区，得仓农场，王山寺，石联风景区；佛冈奥园，云星钱隆天下，时代花园，龙冈市古街，吉河洞接三王
水头	146.21	30532	10+1	133	莲瑶温泉度假区，龙啸峡漂流；碧桂园·清泉城，龙牙寺，东坑祠，崔公祠，古冰川遗迹，舞春牛
汤塘	229.34	71100	19+2	138	聚龙湾温泉，金龟泉生态度假村，黄花湖温泉度假区，禾田温泉，洛洞乡村生态旅游区，恒大旅游度假区，大庙峡，四九水果基地，湛江；汤塘古围屋，勤天城，三爱亭，体育公园，舞被狮，舞鲤鱼灯
龙山	160.57	47532	14+1	150	良洞水库，斑龙生态科技园，花鹿世界，湛江；上岳古民居，抢花炮
合计	1242.86	328500	78+12	887	

佛冈县三大风景片区主要资源要素汇总表　　　　　表 4-3

类型	景观要素	要素分类		南片区		中片区		北片区	
		景观要素分类		景观要素	要素内容	景观要素	要素内容	景观要素	要素内容
自然景观	地形地貌	山地（高山、中山、低山和丘陵）、平原、沟谷、盆地和高原		低山沟谷盆地	麒麟山大芒山棋盘山乐格山锣鼓岭	中山沟谷平原	高髻顶羊角山七星墩	高山沟谷	观音山通天蜡烛独凰山苦茶山井公山

① 数据来源:《佛冈年鉴》（2011 年）。

② 土地总面积不含羊角山林场（26.74km²）、观音山自然保护区（25.69km²）的面积。

续表

类型	景观要素	要素分类 景观要素分类	南片区		中片区		北片区	
			景观要素	要素内容	景观要素	要素内容	景观要素	要素内容
自然景观	土壤	地带性土坡类型 土壤的垂直地带分异 微地貌土坡分异 人类对土壤微域的干扰 土城侵蚀 土壤堆积	土壤以赤红壤为主，有水稻土、黄壤、红壤、赤红壤、菜园土和潮泥沙土 6 个土类，11 个亚类，31 个土属，88 个土种。其中，山地面积 139 万亩，占全县总面积的 70%以上，山地土壤有机质丰富；耕地面积 111.94 平方公里，并以水稻土为主要土壤类型					
	植被	地带性植被类型、植被在高度作用下的垂直地带性、植物群落、旁林地、原始植被一天然次生植被一人工林、农田林网、聚落绿地、乡村城镇绿地系统	境内植物种类繁多，共计有 179 科、572 属、1177 种。植物资源有松、杉、樟、黄檀，还有沙椤、观光木、白桂木、吊皮锥等珍贵植物，以及砂仁、巴戟、栀子、金银花、蔓荆子、土茯苓、杜鹃花、黄姜等药材资源。丘陵地区森林资源丰富，其中组成天然森林的主要有马尾松、黎朔、锥木木荷、枫香、毛竹等。冲积平原土地肥沃，一年四季可种作物，以种植水稻、甘薯、花生为主					
		人工农田植被	以粮食作物尤其是水稻为主，包括甘薯、小麦、豆类等其它作物，养猪、鸡、鸭、鹅、鱼等养殖业。水果生产，以柑、桔、龙眼、荔枝、橙、青梅、李为大宗，南部以荔枝、龙眼为主，中部以柑、桔、橙为主，北部以青梅为主					
	水体	河流、湖泊、瀑布、湿地、滩涂、沼泽、冰川、积雪等天然水体，农田灌溉渠网、运河、泄洪渠、水库、人工湖泊、基塘、坎儿井、水井、水窖等人工水体	湛江、四九河、黄花湖、汤塘热水泉、良洞水库		江、温泉水库		湛江龙南河迳水塘二温泉龙美温泉放牛洞水库	河流水库基塘瀑布	烟岭河高岗水库路下水库龙潭飞瀑文昌河
	动物	动物群落特征 地带性动物特征						全国最大天然亚热带生物基因库之一（观音山）
	气候	太阳辐射与地面温度的地带性分异 太阳辐射的四季分异 水分因素的地带性分异 高度对水、热的再分异 水陆关系与局部气候	佛冈县属亚热带湿润季风气候，年平均气温 20.8℃，年平均降雨量达 2210mm，年平均无霜期为 329 天，冬无严寒，夏无酷暑，为发展休闲度假旅游的适宜气候					

续表

类型	景观要素	要素分类 景观要素分类	南片区 景观要素	南片区 要素内容	中片区 景观要素	中片区 要素内容	北片区 景观要素	北片区 要素内容
人工景观	聚落	城市、中心镇、一般镇、中心村、自然村	古村落	上岳村汤塘村	城镇新型住区	县城,碧桂园、奥园等大型新型住区	古村落新农村建设示范点	新联村甲名古村长江村石咀头村土仓下村
	建筑物	民居、民宅	古民居	汤塘传统建筑	古街区	龙冈市古街	围屋	陂下大院
		现代建筑:城市建筑、现代乡村特色建筑	现代建筑	黄花湖旅游建筑群	现代建筑	云星钱隆天下,时代花园		
		古建筑和古建筑遗址	古建筑古墓	上岳古民居宋代古墓	古建筑古墓	黄花石寨冰川遗址战国古墓	古墓古建筑	战国古墓逐头墩围逐头八宅围
		宗教建筑、民俗建筑、纪念性建筑、标志性建筑	民俗建筑	三爱亭	宗祠宗教建筑	东坑祠崔公祠龙牙寺王山寺	宗祠	范文公祠
	交通道路	公路交通:高速公路、国道、省道、县道、乡间道路、村间道	高速公路国道省道县道	京珠高速106国道354省道	高速公路国道省道县道	京珠高速106国道252省道373县道	高速公路国道省道县道	京珠高速106国道252省道
		河流水运交通、干渠交通、人工运河交通、湖泊和水库交通	河流水运交通、湖泊和水库交通	潖江黄花湖水库良洞水库	河流水运交通、湖泊和水库交通	潖江	河流水运交通、湖泊和水库交通	高岗水库
	农田基本建设	农田土地形态 设施农业 农田灌溉 农业机械化	全县粮食作物播种面积27.52万亩,水果种植面积18.5万亩(沙糖桔面积9万亩),蔬菜种植面积7.8万亩。全县建成16万亩优质沙糖桔生产基地、6.7万亩无公害蔬菜等农产品生产基地					

续表

类型	景观要素	要素分类 景观要素分类	南片区 景观要素	南片区 要素内容	中片区 景观要素	中片区 要素内容	北片区 景观要素	北片区 要素内容
人工景观	水利设施	农田灌渠网、农田提水设施、灌区水库、灌区湖泊、堤岸、泄洪	堤岸	潖江堤岸 四九河堤岸				
	工业生产	生产厂房、场区、生料场、烟囱、水塔、污水处理、污水排放、取土场地、采矿、烟尘	佛冈县工业发展以重型工业的崛起为主。轻重工业结构不断优化，由1991年的66.7∶33.3调整为2003年的10.7∶89.3。在工业行业结构上，佛冈县以食品制造业、有色金属加工业、普通机械制造业、电气机械制造业四大行业为主，所占比重高达92%，其主要分布在佛冈的南部和中部地带。其中，有色金属加工业和普通机械制造业两大行业近年来增长速度尤为突出				
	养殖	牲畜、圈舍 人居环境 饲养方式	全县养殖主要由分散的农户个体养殖为主，大型养殖产业主要有瘦肉型商品猪生产基地和蛋鸡生产基地。养殖主要分布在水体条件较为丰富的南部和中部地区				
	农业生产	旱作农业和水田农业 传统农业和现代农业 单一农业、多种经营 粮食生产或经济作物生产	佛冈县种植业的产值和比重出现下降的趋势，而林业、牧业发展迅速。佛冈县种植业所占比重63.79%，而林、牧、副、渔业产值比重偏小				
	农作物	五谷、油料、蔬菜、瓜果等	瓜果蔬菜	沙糖桔四九水果基地无公害蔬菜基地	五谷蔬菜瓜果	草莓荔枝龙眼沙糖桔	蔬菜瓜果	无公害蔬菜基地沙糖桔
	镇村旅游	旅社、餐饮设施、景点	餐饮设施景点	聚龙湾天然温泉度假村，金龟泉度假村，黄花湖温泉度假区，斑龙生态科技园，花鹿世界	旅行社、酒店餐饮、景点	旅行社营业部；田野休闲农庄、森林公园、温泉度假区，峡谷、漂流	景点	观音山自然保护区，海明堡旅游度假村

续表

类型	景观要素	要素分类 景观要素分类	南片区 景观要素	南片区 要素内容	中片区 景观要素	中片区 要素内容	北片区 景观要素	北片区 要素内容
文化景观	生活文化	传统的的思想，环境观 对自然环境的依赖性 崇尚环境的品性 耕作习惯 消费文化观 生活方式的节奏转变	佛冈县的城镇文化目前尚处于发展的起步阶段，与各镇经济发展水平关系较大。石角镇是佛冈县的文化中心，设施相对完善，文化活动较为丰富。其它镇区的文化保留了一些传统的特色元素，如汤塘镇的集市文化等。佛冈县乡村具有"北客南广"的鲜明特征，即北部为客家人为主，而南部为广府人为主，语言分布亦如此。同时佛冈山地多平地少的山水环境和农业耕作具有鲜明的特点，形成了浓郁的乡村文化特色					
	生产文化	生产进入市场化，农业、工业、建筑业和服务业等生产所体现的业态特征	花博馆	洛洞红色文化			竹博馆	
	风土民情	主要体现在地方节庆活动、丰收庆典、婚丧嫁娶风俗、饮食习惯等	地方节庆活动丰收庆典	舞鲤鱼灯舞被狮抢花炮吉河洞接三王	地方节庆活动饮食	舞春牛芦笋	非物质文化遗产、特色饮食	豆腐节舞火龙客家捻肉草菇
	宗教信仰	道教、佛教、伊斯兰教、天主教、基督教等中西宗教					佛教	观音山王山寺

4.3 "全域风景化"作为广东省村镇建设战略选择的借鉴意义

4.3.1 "全域风景化"是引领村镇走新型发展道路的时代选择

　　"全域风景化"，是在广东名镇名村建设的直接背景下、基于佛冈县的基础资源与佛冈名镇名村示范县建设所提出的宏观战略指引，是引导佛冈县镇村建设的思想纲领。从更高的层面来讲，"全域风景化"的提出，更能够以此来统领佛冈全县的经济社会发展以及空间建设的具体安排，如名镇、名村和示范村建设等，并为后续的其他空间举措提供统一的目标导向和战略指引，同时，也是统筹部署佛冈县的景观旅游规划建设及其特色的打造、统领整个佛冈县名镇名村规划建设的纲领，是贯彻和延续佛冈未来打造县域特色文化及风貌的行动指导。对于广东地区而言，这种战略构思和行动安排又可以进行灵活的模拟和运用，从而在更大的范围上实现一种强有力的示范作用。

4.3.2 "全域风景化"是整合未来村镇发展的战略指引

战略的实施需要近期具体政策作为抓手的具体推进。广东省名镇名村建设是实现佛冈县"全域风景化"战略部署的近期举措和重要抓手。名镇名村建设规划是新时期提高城市化发展质量、统筹城乡健康协调发展的新要求新形式，是新的时代背景下引导镇村可持续发展、促进镇村发展活力的时代选择和有利举措。以名镇名村示范村建设为抓手和突破口，合理引导镇村发展及区域城乡经济、社会和环境的协调共存。

"全域风景化"同时也是佛冈县打造名镇名村示范县的空间统领。名镇名村示范县是广东省赋予佛冈县镇村发展的重要政策内涵，而要体现和实现这一政策内涵，需要一个统一的而又针对性强的总体战略目标进行空间统筹与统领。"全域风景化"是体现名镇名村政策内涵的战略思路统领。它不仅仅贯穿于名镇名村示范县建设的始终，还将落实在佛冈县其他方面的风景建设过程当中，并在空间建设和具体安排中予以体现。

4.3.3 "全域风景化"是促进村镇地区资源优势挖掘的途径优选

1. "全域风景化"是基于时代背景的必然选择

"全域风景化"旨在改善地区风貌环境、提升地区实力及其特色水平等，统筹城乡协调，促进均衡提升，通过乡村环境改造、景观风貌整治和产业转型等途径，实现地区风景品质的提升和促成整体风貌特色的形成，最终使得地区的发展能够最大限度的利用自身的资源优势获得长足提升，这与广东省"加快转型升级、建设幸福广东"的"十二五"时期的战略目标是完全一致的。佛冈的产业升级就是通过自身资源的开发如旅游统筹一、二、三产的发展方式，推动经济社会发展发生显著的飞跃，促进乡村的发展建设和人们生活水平的提升；佛冈通过全域风景化理念，以名镇名村建设为切入和体现，是在新的时代背景下的必然而且是明智的选择。

同时，佛冈县作为全省三个"名镇名村示范村建设示范县"之一，有责任和义务承担名镇名村工作的示范和带动作用。佛冈作为珠三角圈层外的县城，经济不发达，产业优势不突出，通过开展全域风景化理念的名镇名村工作焕发新的活力，能为周边同质的片区和县市起到示范带动的作用。

2. "全域风景化"是特定区域环境的有效应对

广东省珠三角在经济发展和城市建设当中，随着产业不断升级，经济水平的不断提高，居民生活压力也越来越大，并频繁出现空气污染严重、生态环境恶化等突出问题，造成优质生态旅游资源的稀缺。佛冈距离广州市中心90公里，有三个京珠速出入口，交通便利，属珠三角1小时生活圈，广州、深圳作为珠三角地区最为经济活力的发达地区,而且是人口密集程度和出行人数比重最高的核心城市,佛冈发展旅游业完全可以借助得天独厚的条件,依托广州、深圳等大都市的客源市场,利用自身丰富的旅游特色资源大力发展旅游业。大力发展以旅游统筹和引导三大产业的发展,实现全域风景化,是佛冈区位及资源优势的最佳选择。

3. "全域风景化"是基于基础条件利弊的综合考量

整体而言,佛冈县整体经济发展水平不高、经济总量较小。近几年来,佛冈县通过加快经济转型,提升增长质量,做大经济总量,实现了其地区发展的第一次跨越,经济实力跃居清远市上游水平。但同时所面临的是,由于发展方式依然较为粗放,经济发展的质量普遍不高,产业发展层次较低,资源消耗过大,受到环境的约束日益趋紧,区域发展不平衡问题也愈显突出;社会建设滞后,民生保障水平还比较低等等。种种迹象均表明,粗放型的发展模式难以为继,并已成为制约佛冈实现科学发展的最大障碍。

最后,我们不难看到,尽管旅游资源在近期内难以成效显著,但其对于生态环境和居民生活居住质量的维系作用却不可替代,而且旅游开发如果适度合理,其对地区的经济发展影响必将是深远而愈发有效的。借助于佛冈县相对优质而且多元化的旅游资源优势,如沙糖桔园、豆腐节和文化民俗等可持续利用的宝贵资源,通过旅游带动产业升级的全域风景化,将进一步强化佛冈优越的区位优势和良好的生态环境优势,为其发展新兴产业、直接切入珠三角产业链高端、实现跨越式发展提供承载空间。

4.4 佛冈实施"全域风景化"的目标、空间格局和策略应对

4.4.1 目标定位

1. 基于"全域风景化"战略的区域定位

基于区域不同空间层次的特征以及其与佛冈的关系解读,结合"全域风景化"的提出以及其根本目标和战略思路,规划将佛冈县基于"全域风景化"战略下的区域功能与空间环境整体定位为:

广东风景旅游名县,珠三角北部以多元特色产品为品牌的旅游胜地,粤东西北以新型村镇发展促进城乡协调的先行示范区。

(1)广东风景旅游名县。佛冈"全域风景化"最终的战略落实和目标实现,将佛冈打造成广东省域内具有较高知名度的风景旅游目的地和适宜于人们休闲、养生、居住、文化体验的风景旅游胜地,全面带动全县范围内的风景旅游发展和旅游品味的提升,推动全县整体社会经济效益的优化。

近年来,佛冈县积极打造具有区域品牌的旅游示范基地,并与广东省有关部

门建立了紧密的旅游开发合作关系。2009 年 12 月 28 日,广东省旅游局、清远市政府、佛冈县政府签约,共建国际(中国佛冈)健康养生旅游示范基地。将佛冈打造成集健康养生、休闲、度假、体验于一体的综合性文化旅游区和世界著名的养生保健旅游目的地。

(2)珠三角北部以乡村多元化旅游产品为特色的品牌胜地。依托于佛冈多元化的旅游资源,尤其是分布在广袤的乡村地域范围内的丰富多样的旅游资源特色产品,包括农林观光、农产品采摘与体验、温泉旅游和文化民俗等,发挥旅游内容的多元性特征,为不同旅客的旅游喜好提供不同的产品设计和项目引导。

在空间距离上,佛冈县作为紧邻珠三角核心区的城市地区,更应当发挥"近水楼台先得月"的区位交通优势,打造良好的交通设施条件,积极引导珠三角核心区乃至广东省周边省市的旅客前去观光、旅游、休闲和度假体验,为其提供工作放松和假期休闲好去处,打造珠三角核心区北部的名副其实的"后花园"和旅游目的城市。

(3)粤东西北以新型村镇发展促进城乡协调的先行示范区。打破粤东西北地区原有的发展模式,发展动力不足或严重依赖于承接珠三角地区产业要素转移,而把目光重新转到更注重于自身资源特色的挖掘利用和内生式的发展道路;摒弃原有的粗放式和被动型的城乡发展模式,走村镇自主发展为主、结合城乡优势互补的新型发展道路,提升落后地区的发展动力,促进地区健康可持续发展,同时改变落后地区的区域差距和城乡差距,通过走新型的城镇和乡村发展道路,促进城乡均衡发展,并打造粤东西北乃至更大范围内以新型村镇发展促进城乡协调的先行示范区,能够对广东省其他地区产生示范模范作用,为类似地区的发展提供有益的启示和借鉴。

2. 发展目标

以"全域风景化"为纲领,围绕持续发展、全局策动进行贯彻落实,将佛冈县打造成为具有"岭南特色、居民富裕、乡风文明、环境优美、文化多元、社会和谐"的广东省风景旅游名县和名镇名村建设示范县,华南地区四季适宜、多元特色、综合实力显著的乡镇旅游目的地,珠三角地区独具旅游资源优势与特色的旅游品牌。

佛冈"全域风景化"的最终目标,在于实现"全域"的覆盖和"风景化"的空间景观意象。打造覆盖佛冈"全域"的村镇特色风貌,并使其成为地区空间规划和景观塑造的战略指引,并逐步形成"全域"型的特色鲜明的地域景观。通过风景"化"的过程打造,实现"风景化"的特征状态,实现地区资源的资源整合和优化配置。通过全域风景化塑造,使全域范围内产生从一般景观到特色景观乃至优质景观的蜕变,并形成一道道可以延续的地域风景线。

3. 形象定位

形象定位是一个地区的标识和名片，是其资源特色的浓缩和高度概括，是地区发展及形象塑造的愿景和品牌号召力。形象定位需要既能够反映地区的核心优势特点，又能够体现地区未来相对稳定且具有长效引导性的目标选择。

通过对佛冈景资源条件的全局性分析和对其重点资源的要素提取，以未来佛冈县的战略目标和整体定位为导向，将佛冈"全域风景化"的整体形象定位为"风景佛冈、旅游胜地"（图 4-16）。

图 4-16　佛冈"全域风景化"整体形象定位照片

"风景佛冈、旅游胜境"展现了佛冈未来发展的形象愿景，并涵盖了佛冈现有的以及未来的风景特色及其资源要素，具体涵盖在山水、田园、野趣、温泉、古村、名迹、民俗和农味八个方面（图 4-17）。而这些也是佛冈打造"全域风景化"的核心要素体现。

（1）山水：依托观音山、麒麟山、石龙山、锣鼓岭、观音山、羊角山、金谷山等山体和潖江、四九河、黄花湖以及众多的水塘资源，打造佛冈全域山水旖旎、婀娜多姿的山光水色景象。

（2）田园：打造佛冈县广袤宽阔、视野开敞、景观怡人的乡间田园风光景象，是其称为佛冈全域风景化展现的重要"斑底"和风景画面"背景"。

（3）野趣：利用森波拉等山林资源，打造峡谷漂流、山林休闲、健身养生、美食体验等具有野外及生态趣味的特色，体现个性，提升服务，增强吸引力。

（4）温泉：依托佛冈得天独厚的温泉资源及其泉眼特色，优化发展聚龙湾、黄花湖、莲瑶等大型温泉旅游项目，强化地区温泉休闲度假的优势和品牌效应。

（5）古村：保护上岳古民居、土仓下古村等古村落遗址，并进行合理的修复和开发利用，使其成为风景旅游的重要组成部分。

（6）名迹：积极打造和提升包括名胜古迹物质文化遗产保护及利用价值，提升崔清献公祠、观音山、三爱亭、东坑祠等文化古迹名胜的特色和知名度。

（7）民俗：充分挖掘和广泛宣扬由客家文化与广府文化融合而成的佛冈乡土文化，打造与西班牙西红柿狂欢节相媲美的乡土节庆活动"高岗豆腐节"、妇女以独特方式闹元宵的"汤塘舞被狮"、舞灯庆丰收的"四九鲤鱼灯"等。继承源远流长的佛冈佛教文化，使观音山王山寺成为佛教文化的重要活动场所。

（8）美食：依托地区农业资源和特色美食，如沙糖桔，豆腐节、土猪肉等，实行体验型的旅游开发模式，以片片桔园、乡村农业为载体，打造观光农业及特色生态农业旅游精品。

图4-17　塑造多元共融的地域风景旅游名县形象

4.4.2　"全域风景化"整体策划及空间布局

1.空间概念图景

"全域风景化"在空间上的落实主要体现在其"全域性"及其"风景"的打造。本研究从"全域风景化"的理解和从全域的角度出发，基于佛冈现有的自然—人文资源特点和空间发展格局，将佛冈县的全域空间分为"南、中、北"三大片区，构成全域风景的三大组成片区；接着，根据每个片区的资源条件、特色优势和景观肌理进行进一步划分，并与现有的主体景观或未来的景观塑造相结合，以一个或若干个景观主体为基点或核心，联合周边的景观要素形成一个个连续的不同空间尺度的风景景象，而景象又由其中的具体景点和景区所组成，最后有机组合形成一幅幅不同的地域景观，实现全域化的连续的风景图景（图 4-18）。

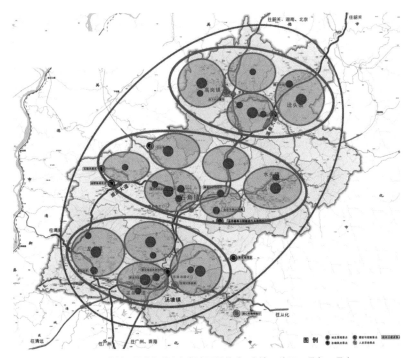

图 4-18 "全域风景化"的空间概念图景构成：全域 – 片区 – 景象 – 景点

2. 空间规划结构

根据"全域风景化"的空间概念图景，结合佛冈县域南中北三大片区的资源特点和空间分布格局，分别形成三大风景类型的意向功能区（图 4-19、4-20），即山林体验风景片区、生态城居风景片区和水韵联景风景片区。

水韵联景风景片区：片区呈东西走向，地势中低外高，从内至外依次为江河、天田园、林地、山地，地貌景观构成多样、层次丰富。水是南片区最具特色的风景要素，江、湖（水库）、塘、溪、泉等元素构成了水要素的主体，其中温泉是最主要的特色旅游资源。片区内人工景观多元化特征显著，既有上岳村、汤塘村等一批具有悠久历史与独特风貌的历史村庄，也有依托温泉资源建成了聚龙湾天然温泉度假村、金龟泉温泉度假村等一批知名旅游景区。片区内有古民居、传统节庆（舞鲤鱼灯、舞被狮等）、龙舟赛、洛洞红色文化等文化资源。

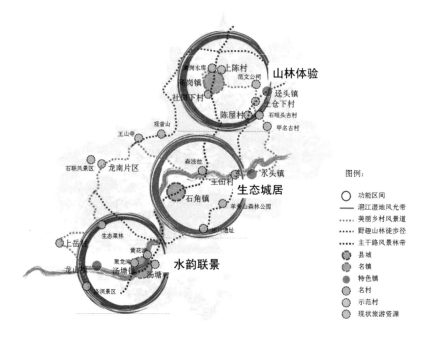

图 4-19　佛冈"全域风景化"空间规划结构

图 4-20　佛冈"全域风景化"地域景观体系构建意向图

生态城居风景片区：片区呈东西走向，周围山林环绕，中部河流贯穿，山田林江有机聚合，风景秀丽。已开发森波拉温泉、石联风景区、田野休闲农牧农庄等知名旅游景区，并有多个森林公园。片区拥有全县最大的聚集区——县城、碧桂园、奥园等大型生态住区、建滔产业园、一批度假区及乡村聚落群。此外，片区还拥有古街（龙岗市古街）、古祠（东坑祠、崔公祠）、古庙（王山寺、龙牙寺）；以王山寺和龙牙寺为代表的宗教文化、客家文化，以王田村舞春牛为代表的农耕文化。

山林体验风景片区：片区以山地丘陵为主，其中西部观音山主峰为粤中第一高峰，属广东八大名山之一。东部烟岭河西南——东北向穿越本片区，风景秀丽。目前已开发的旅游景区主要为观音山风景区（广东省自然保护区），有目前世界最大的天然仰卧观音像。除高岗与迳头两镇区形成的集中城镇聚落景观外，本区内还拥有甲名古村、石咀头古村等古村落以及长江村等新农村建设示范点。片区文化景观包括非物质文化遗产（岗下村豆腐节）、宗祠（范文公祠）等。

4.4.3 基于优势资源的佛冈全域风景营造

1. 自然

（1）凸显山林竹海，打造风景林带

山林是乡村重要的风景类型，无论是自然林地，还是人工林地，大面积的林地斑块具有重要的风景生态作用。集中而面积较大的林地在乡村风景中能够有效形成物种多样性和物种庇护所的作用，同时集中的林地容易与周边自然林地连接，扩大林地的景观生态功能，增强人们的视觉冲击。

佛冈县大型斑块的林地目前已有一定的基础，如广东唯一的大竹海——观音山千亩竹林，以及造纸原料林和原生态林等。借鉴安吉、婺源等地的成功经验，佛冈的山林风景化、片区化关键在于：

1）扩大特色山林的规模，增加特色山林的类型，保护特色山林的空间完整性。对于已有的特色大型斑块林地，需要适度扩大其规模面积，构成漫山遍野、延绵不断的视觉效果，使其自然风景更加具有观赏价值；除了已有的特色山林，还需不断增加其他类型的特色林地，如茶树、杉木、黎蒴、桉树、马尾松、映山红（杜鹃花）、含笑花等；大型特色山林形成后，需保护其自然空间的完整性，严格限制乡村土地拓展对大型特色山林的蚕食和沿沟谷形成的溯源侵蚀，同时也要严格限制道路建设形成的破坏。

2）完成万村绿大行动任务。坚持以点带面、示范推动的原则，建设一处绿色景观点，栽植一条绿化景观带，营造一片风景林（果林等），做到点线面结合，田林路结合，优良各树种结合，乔灌草结合，形成路有树、街有景、四季常驻青、花果飘香的良好生态环境。

3）以观音山省级自然保护区、羊角山省级森林公园、王山寺旅游区、龙南石联旅游区为重点，对生态公益林实行全封育管护措施，建成以乡土阔叶树种为主体和物种多样性的森林生态系统，逐年改善林地质量，提高生态功能等级，优化全县生态环境。

（2）构筑河流生态廊道

河流廊道化是指通过对河道的生态治理以及沿河流布置绿色植被带等，将河道变成生态景观廊道。河流生态廊道具有提供水源、控制水和矿质养分的流动、过滤污染物、为物种迁移提供通道、维持生境多样性和物种多样性、提高景观多样性等多种功能。合理设计河流生态廊道，是解决当前人类剧烈活动造成的景观破碎化以及随之而来的众多环境问题的重要措施。

佛冈县河流水系由琶江和烟岭河两条较大的河流构成，其间分布有若干湖泊水库，具备良好的河湖景观。在全域风景化建设中，应对河流进行清淤疏浚、堤防加固、河道绿化等，使之成为水清、岸绿、景美的生态廊道。

1）河道堤岸的生态化修复。河道的生态护岸形式很多，包括：利用乔木灌木的根系纤维固定岸坡；采用自然材料护岸，如卵石护坡、条石护坡、山石护坡、石笼护坡、木桩护坡等。佛冈可以参照国内外常用的护岸方法，结合植物生态护岸设置，营造丰富多样的生态景观。

2）沿河绿带的生态化修复。沿河绿带应为连续的，绿带最窄不应小于 15 m；沿河绿带间隔 1 km 左右应设置占地面积不小于 1hm^2 的集中绿地，作为廊道放大生态斑块；保护和修复廊道范围内现有成年树木、水域，种植本地植物，与现有树木互为补充，保护河流自然生态景观；沿河绿带的植物配置比例建议为"5 分乔、3 分灌、2 分草"，使绿带植被具有更多的复杂性，植物物种配置要听取专家建议，使其更接近自然形态。

（3）打造温泉品牌，营造"温泉之都"

温泉是佛冈县最具特色的自然风景资源之一，早在宋代太平兴国年间（976～983）编著的地理总志《太平环宇记》就有佛冈黄花湖"泉流不绝，气蒸如雾。可热食物，病患洗之即愈"的记载。史书记载的黄花湖温泉，目前已经开发成汤塘黄花湖温泉旅游度假区，与此同时，佛冈县内还有丰富的温泉资源将被不断地发掘出来。佛冈可凭借丰富的温泉资源和温泉文化底蕴，筛选出一批能起带动作用的重点项目，精心培育、重点扶持，选择已初具规模的黄花湖温泉度假区为突破口，打造温泉文化品牌，建设成为"温泉之都"。

1）坚持对温泉资源做到开发与保护并重，高标准规划建设，充分发挥资源的潜在价值，避免出现"一流资源、二流开发、三流产品"的状况，增强温泉休闲度假业的可持续发展能力。

2）吸取过去"遍地开花"搞建设的教训，立足于引进有实力的投资商搞温泉特色旅游精品项目。

3）充分利用一切可利用的资金对温泉度假区的各项基础设施进行建设修缮，促使温泉度假区上档次、上规模、上水平。

4）统一培育、统一包装、统一推介，突出温泉项目的整体品牌，显现温泉资源的旅游特色，提升温泉品牌档次。

（4）塑造斑块化的田园景园风光

田园风光一直是久居城市的人们心目中向往的美丽环境。田园之美，美在它一年四季多变的色彩和天然的美丽，美在它是养育人类的生命之地。为充分构建佛冈全域风景化特征，其田园风景可从以下几方面入手，体现其人与自然的和谐融合之美：

1）田园规模化耕作。将田园由小块田变成规模较大的田野，农作物成为单纯自然色彩，以加强视觉美感，使田园的风景变得开阔壮观。

2）作物特色化种植。广袤的田野和特色的农作物是展现佛冈全域风景化的重要"斑底"和风景画面"背景"。农作物是人工与自然美妙结合的第二自然风景中起决定作用的审美元素，种植什么样的植物就有什么样的风景，不同季相呈现的农作物决定了乡村丰富多彩的四季景色。根据佛冈的地域特征和全域风景化的需求，可策划一些具有特色的田园风景，如五彩农田——通过大面积的不同品种作物的配置，使其形态与色彩呈现季节性变化，塑造大地景观，包括玉米地、水稻田、芦笋园、蔬菜基地等；浪漫花海——种植兼具观赏价值及经济价值的特色花卉，形成强烈的视觉景观效果，体现景观节点的不同风情，包括草莓、油菜花、薰衣草、玫瑰花等；多姿果廊——打造沿国道、省道、县道的水果长廊，吸引游客进园采摘，体验动手的乐趣，包括沙糖桔、荔枝、龙眼、巨峰葡萄、水柿、青梅、葛粉等。

2. 聚落

（1）塑造风景"一站式"服务，营造城镇聚落服务之美。

城镇聚落在整个聚落空间中扮演着重要的服务角色。打造"全域风景化"，不仅仅依赖于优越的风景资源及对其充分打造利用，更需要为全域风景的实现提供良好的支持平台和服务环境。城镇（包括县城、镇区）空间是全域范围内风景服务的重要载体，承载着打造风景服务平台所必需的旅居、商品、休闲、餐饮、交通等功能空间，是全域风景打造的服务集聚地和整合地。由此，城镇聚落应该提供并承担为全域及其相应的覆盖区域提供"一站式"服务的职能作用。"一站式"服务是全面提供各种服务的一种服务理念，最先萌生在欧美，其后迅速扩展到全球并逐步流行。其实一站式服务的实质就是服务的集成、整合，既可以是服务流程的整合，也可以是服务内容的整合。一站式服务的主要特点和作用在于，一是精简办事流程，把原本繁琐的费时费力的程序予以简化，在一个窗口、站点或办公室，便能够迅速到所希望得到的目标结果，令服务者满意；二是得到全方位的服务，消费者只需要通过某个地点或机构，就能获得所需的全面的、一步到位的服务，而不需要辗转于不同的地方才能获得服务的叠加，如超市，淘宝电子商店等，消费者以最小的时间成本投入获得最方便最全面的服务。

对于打造"全域风景化"而言，一站式服务将极大地提升区域服务能力和效率，而城镇聚落无疑是一站式服务最主要的集聚地和发生地。为展现一站式服务的作用特点，城镇聚落需要在服务结构、服务效率和服务水平等方面加强服务供给，提高质量标准。首先，城镇聚落作为全域风景打造的服务供给地，需要提供组成完备、层次完善的机构结构，包含为旅游休闲、居住、就业等风景要素提供全方位的层次设施；其次是在城镇聚落中合理布局服务设施，有效设计服务流程，高效引导和组织游客服务申办流线，提高服务效率；再者，提高服务水平，提高服务质量、舒适度，提升服务者素质水平，能够为人们感受风景提供最佳的基础保障和时间结余。

（2）加强城镇街区环境治理，营造城镇聚落规整之美

无论是佛冈地区，还是其他大部分相对欠发达地区，小城镇发展普遍存在规模不大、环境混杂的发展弊端，这一方面严重影响了城镇的街区景观，另一方面也严重制约了城镇作为服务型聚落的作用发挥，降低了城镇聚落提供生产生活服务的水平和效率。推动城镇街区环境整治，加强改造和治理城镇街道、改造城镇建筑立面、营造城镇公共空间环境，塑造城镇聚落空间的规整之美，同时，有效组织旅游、生产及生活服务，为区域空间风景打造提供良好的综合服务。

（3）推动农村生活环境整治，营造村庄聚落清洁之美

农村环境的打造，最根本的是农村环境的干净与清洁，同时，这也是佛冈等珠三角周边欠发达地区农村发展所面临的普遍问题。因此，推动农村的生活环境治理，对于村庄聚落风景的打造至关重要。农村生活环境治理首先应着眼于塑造聚落的整洁化改造，如充分做好农村垃圾的有序堆放和处理、农村环境的日常清洁化维护、农村街道环境的疏通和清理、公共环境的清洁和美观等，共同塑造村庄聚落空间的清洁之美，使其成为农村风景的重要基础和靓丽衬托。

（4）强化古村落保护和综合利用，营造古村聚落文化之美

充分保护具有历史文化价值的客家古村落，如上岳古民居等，延续古代文化建筑艺术精华，宣扬岭南建筑艺术风格；对汤塘古围屋等旧民居聚落进行重新环境整治、修缮和利用，把传统古民居遗存保护和观光旅游开发紧密结合，相互促进，在文化延续的基础上，充分诠释其新的意义和价值。保留迳头土仓下村等诸多具有北方的四合院与南方的客家围屋风格的村居，并把围屋的改造和人的居住环境

充分结合,使其与新时期人居环境要求相衔接,打造具有地域特色的客家围屋村居聚落(图4-21)。

图 4-21 恢复上岳古村风貌(左图)与保持民居及其周边环境协调统一性(右图)

(5)协调村居格调和布局形式,营造村居群落和谐之美

综观佛冈村庄内部建筑空间的改造和建设,普遍存在着村居格局混乱、建筑形式不协调、产生强烈视觉干扰的现象存在。这将从视觉上直接影响村庄聚落和人工景观的协调性和美观性。正如上所示,无论是古今中外还是不同地域的村庄聚落景观,在建筑形式上均遵从一种延续、统一和协调整体关系,充分保持村庄建筑在某一地域或某种特色上的和谐统一性,这既是一种文化延续性和传承性的体现,也是给予人们的一种约定俗成的美的和谐感。因此,对于佛冈村庄内部的村居改造而言,应秉承协调、传承、统一的原则,规范村庄建筑的构造形式,在保持协调的基础上做适当的改造和修正,避免出现古今差距明显、风格各异的村庄建筑形式,保证村庄聚落建筑实体空间的整体协调感。

3. 产业

(1)农业

1)推动土地整合

通过采取"公司+基地+农户"、农业合作社或政府集中改造等形式,进行土地整合、要求田块集中连片,同一灌区面积 500 亩以上。

2)加强设施建设

完善建设农田田间排灌渠道、田间机械作业路网、项目区内小陂头及小型配套引水渠工程、田块平整及规格化。

3)丰富种植品种

佛冈县当前农业的主要类型是水稻种植、沙糖桔种植、无公害蔬菜种植以及生猪养殖,还有少量的葡萄、竹笋种植及其他禽畜水产养殖。未来应在保持局部规模化、统一化的前提下增加种植品种,提升景观的多样性和丰富性,如增加观赏性较强、附加值较高的薰衣草、玫瑰花等花卉类，草莓、荔枝、葡萄等水果类，竹子、甘蔗等草本类，创造五彩农田、浪漫花海、多姿果廊、绿韵山林等具有吸引力的农业景观。

4）促进品牌建设

积极促进农产品品牌建设，农业品牌化的过程，就是用工业化理念发展农业的过程，通过专业化生产、标准化控制、产业化经营、品牌化销售、社会化服务，提高农业科技含量，发挥农业规模效益，促进现代农业建设。

5）发展农业旅游

大力发展农村休闲服务业，积极探索农业与郊区旅游、农家乐、趣味采摘等形式有机结合，促进农业经营化、服务化、旅游化。

（2）工业

根据现有工业基础进行产业筛选，鼓励生态友好型产业在现有工业园区内加强产业链建设，如制冷设备制造业、电子化工及相关产业、食品加工业、纺织服装加工业等，促进产业集群；对于可能产生污染的产业进行严格的控制和管理，如汽车配件产业，杜绝对空气和水环境等的污染；而对于高污染型的产业则进行清除，如金属制品业、钢制品产业。

1）制冷设备制造业集群

以龙山镇为核心的制冷设备制造业集群已经初具规模，主要产品有中央空调、中央空调末端产品、家用和商用空调、室内空气品质控制系列产品等，其在清远市乃至广东省都已经形成了一定的产业影响力。未来应进一步做大做强制冷设备产业，全力打造"广东空调冷冻设备制造专业镇"，使之成为佛冈县的支柱型主导产业。

2）电子化工及相关产业

依托以石角镇为中心的现有电子化工产业发展基础，通过大力改造、优化、提升工业存量，做大做强以高技术电子产品为主体的佛冈电子化工产业集群。

3）食品加工业集群

依托佛冈食品饮料工业园区以及加多宝—王老吉浓缩液生产基地，带动整个食品饮料以及荔枝、龙眼、话梅等凉果加工业的发展，形成较具规模的食品加工产业链，将食品饮料工业园建成为省内乃至国内上规模的生态科技产业园。

4）纺织服装集群

迳头镇的纺织服装产业已经具备了较好的发展基础，聚集了以永福纺织为首的一批以港商投资为主的纺织企业。依托该纺织工业城，依靠政府政策、资金、技术等的大力支持，可望将迳头打造成为纺织服装专业镇，形成具有一定竞争力与知名度的服装纺织产业集群

5）汽车配件集群（限无污染）

利用广州汽车产业迅速发展的机遇，依托现有产业基础，极承接其相关的零部件生产企业的转移，发展汽车零部件产业，融入广州、珠三角汽配产业链。

（3）旅游服务业

在"全域风景化"的引导下，未来服务业等第三产业将成为佛冈重要的就业方向。

凭借旅游业的发展，佛冈县应积极发展酒店业、餐饮业、休闲农庄、公路服务区等商业服务设施，规范发展高尔夫球场、大型主题公园等独立旅游消费点，有序建设博物馆、纪念馆等配套服务设施。

大力发展旅游职业教育产业，加强旅游从业人员素质建设。抓紧完善导游等级制度，提高导游人员专业素质和能力，提高佛冈全县旅游业的服务水平。

4. 文化

（1）打造多元融汇的地域文化

整体而言，佛冈乡土文化由客家文化与广府文化融合而成，其中北部偏客家文化，而南部偏向广府文化；同时，弘扬乡土节庆活动，高岗豆腐节、妇女以独特方式闹元宵的汤塘舞被狮、舞灯庆丰收的四九鲤鱼灯、祈求兴旺发达和吉祥如意的龙山抢花炮、具有鲜明特色的民间传统活动——吉河洞接三王等。此外，积极打造佛冈大庙峡人文历史风景区、西周的古窑，春秋时期的青铜剑、唐宋的古道等。

造势宣传，积极组织，打造高岗国际豆腐节盛会等，可采用类似于西班牙西红柿狂欢节等较为成功的营销模式，将佛冈多元的地域文化，打造成为相互融合的、具有鲜明的地域符号特征的文化休闲旅游和宜居胜地。

（2）弘扬佛家文化，打造佛教胜地

佛冈佛教文化源远流长，观音山王山寺为建于唐宋年间香火鼎盛的古刹，可将王山寺景区打造成为佛教文化的重要场所。

（3）定期举办地域文化盛会，拓展文化影响力

采取定期举办文化交流会的方式，大力推广和宣传地域特色文化和风俗习惯，使佛冈的豆腐节等多元的乡土文化能够被更多地区的人们所了解和熟知，不断拓展其影响力，推动地方文化知名度和竞争力的持续提升。

4.4.4 "全域风景"空间联结系统

规划按照"青山绿水抱林盘，名镇名村嵌田园"的生态田园理念，并依托现有的道路交通体系及河流湖泊体系，重点优化规划重点打造的景点、景区及名镇名村间的联系道路，形成覆盖佛冈县区域的"全域风景"空间联结系统。游览网络分为：快慢线风景、"绿线"风景和"蓝线"风景。

1. 快慢线风景

结合佛冈县境内的高速路、国道、绿道、潖江等线形资源进行"全域风景化"快线和慢线组织，串联起全县主要的景观节点和景观区（连接景区景点功能、自身有景观功能内容），形成覆盖全域的景观网络（图4-22）。

快线，形成全县的旅游环线。以京珠高速公路、106国道及部分省道为主，在境内形成一个"8"字型的游览路线，串联起全县主要的名镇名村及风景区节点，环线长约120km。其特点是，以快速交通为主，建设结合京珠高速生态景观林带建设及全县"三边"整治工程，建成充分展示全县风景的亮丽景观线。

慢线，清远市绿道网的重要组成部分，串联起佛冈的核心观景资源，依托省立绿道，拓展其他绿道支线形成全域完整的绿道网络，以展示山水特色为主。

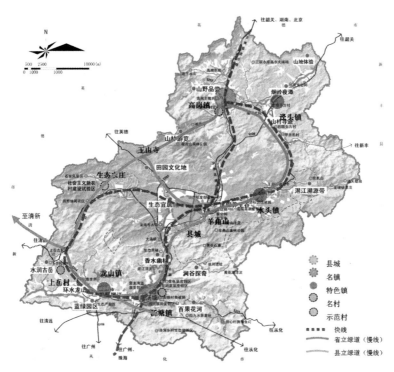

图4-22 "全域风景化"风景线路策划与规划

2. "绿线"风景

（1）绿道建设导则

绿道：在佛冈全县域内推进绿道建设。步行道路和自行车路形成的网络，它们有自然的属性，沿着多数山脊、穿过深谷或沿着湖河的一侧蜿蜒；还可以将它们规划为直线型的花园，有开阔的天空，装饰以树木、花坛和水的造型。让步行道路和自行车道路接触并展示出自然环境之美。让它们连接风景和名胜古迹景点以及名镇名村主要景点，穿过和连接到城镇生活区，引导人们积极进入。把人们普遍追求的趣味和魅力注入绿道周围。同时延长城郊绿道连接越野绿道，将人们引入大自然。那么人们将愿意丢下汽车，到外面走走，重新发现骑自行车和步行的悠闲和愉快。

具体建设措施:参照珠三角绿道建设方式，但根据佛冈自身特点出发进行调整，分为三类:生态型区域绿道、郊野型区域绿道和城镇型区域绿道[82]。

1）生态型区域绿道:距城镇地区较远的自然生态区域，主要沿着河流、小溪、海岸及山脊线建立的绿道。通过加强生物栖息地的保护、创建、连接和管理工作，逐步保护和恢复珠三角地区的生态环境和生物多样性。此类区域绿道人为干扰很少，可供出行者进行自然科考及野外徒步旅行。

2）郊野型区域绿道:主要依托佛冈各城镇建成区外围周边地区的大块绿地、水体、海岸和田野乡村，通过登山道、栈道、乡野村道、慢行休闲道的形式而建立的绿道，旨在为居民提供亲近大自然、感受大自然的绿色休闲空间，实现人与自然的和谐共处。

3）城镇型区域绿道:位于佛冈县城及各镇建成区，依托城镇历史遗迹、文化遗产、古树名木、公园广场等历史人文及自然景观资源，以及城镇道路两侧的绿地构建的绿道。此类绿道对佛冈区域绿道的全线贯通起到重要作用，为居民提供日常的都市漫步等户外休闲活动场所。

绿道建设标准:绿道宽度标准包括绿廊宽度与慢行道宽度两个方面的设置标准（表 4-4）。绿廊是区域绿道的生态基底，其主体包括植被、水体、土壤、野生动物资源等，是维护区域内生态系统的健康与稳定的核心内容，因此需设定绿廊的控制范围宽度;慢行道宽度标准是满足居民出行活动的最小道路宽度，按照使用者的不同，可分为步行道、自行车道和综合慢行道。

各类区域绿道的参考宽度标准 表 4-4

绿道类型	绿廊控制范围宽度	慢行道类型	慢行道宽度
生态型	建议不低于 200m	步行道	1.2m
		自行车道	1.5m
		综合慢行道	2m
郊野型	建议不低于 100m	步行道	1.5m
		自行车道	1.5m
		综合慢行道	3m

续表

绿道类型	绿廊控制范围宽度	慢行道类型	慢行道宽度
城镇型	建议不低于20m	步行道	1.5m
		自行车道	2m
		综合慢行道	4m

（2）佛冈绿道网规划

结合佛冈县境内的景观资源及与清远市绿道网的对接，佛冈县绿道网分为省立绿道和县立绿道两种（图4-23）。

省立6号绿道支线——羊角山线，全长89.2km。串联的景点：上岳古民居、观音山王山寺、佛冈羊角山度假世界、南国大寨洛洞景区。

佛冈县立绿道。串联的景点：王山寺、观音山森林公园、社岗下村、土仓下村、森波拉、金谷羊角山漂流、大庙峡、黄花湖度假区、汤塘古村、聚龙湾温泉度假村、洛洞乡村生态旅游区。

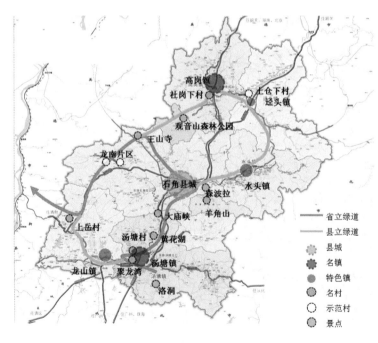

图4-23 佛冈绿道网规划图

（3）绿道建设范例

选取省立绿道大庙峡段作绿道建设的范例。大庙峡作为绿道的一个人文景观点，增设停车场，方便进入大庙景区。新设绿道，选址在 106 国道旁湿地区域；以现状条件为依据，设置为木栈道和硬质铺装两种类型的绿道；绿化方面，增加遮阴乔木；完善两边设施为绿道服务，增加绿道标识系统。每 500m 为间距设置休息点，大庙峡休息点设置自行车租赁、零售、休息广场等多重功能（图 4-24）。

绿化要点：在植物配置上除了保留原有植物外，在沿线还增加遮阴乔木——红花洋紫荆。主要配置的服务设施：休息平台、生态停车场、自行车租赁等。

图 4-24　绿道建设范例示意

3."蓝线"风景

（1）把水观光资源连接成线

保护、改造并开发佛冈县内的水道资源，如潖江、黄花湖等河流、湖泊、湿地等。通过生态河道的建设，对河道生态系统涉及的行洪排涝、堤岸改造、水系整治、水质保护、休闲观光、沿岸绿化等功能或措施进行统筹规划，注重岸线的垃圾清理和景观塑造，避免新建建筑对主要水景的遮挡，建设佛冈优美的蓝道系统，同时最好将绿道和蓝道结合在一起，形成开放空间与水道相互联系的景观休闲体系（图 4-25）。

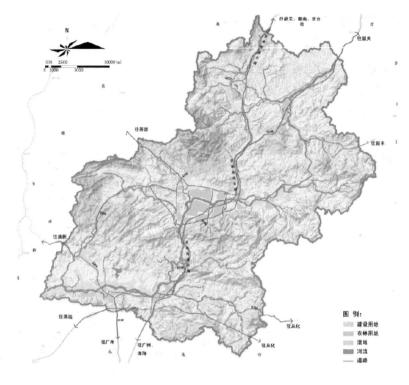

图4-25 佛冈蓝道网规划

（2）蓝道风景塑造的原则与方法

1）统筹性原则

河道风景化应保证引排水等基本功能的前提下，兼顾保土、固坡、净化、美化功能；设计需根据河道的基本功能、立地条件和周边环境，确定相应的绿化的范围、功能、布局和类型，并统筹实施计划。

2）协调性原则

河道风景化应反映滨水特征，注意与地域整体风貌相协调。应根据区域系统规划，与其他绿化建设有机结合，从水域到陆域应构建完整的植物群落梯度，同时应保护原有的自然边滩湿地，并注意与其他公共绿地的衔接；突出绿廊布局，已形成完整的绿色基础设施网络，建立休闲绿色廊道。

3）自然性原则

依形就势，遵循自然，尊重原有自然河道、尽量减少人为改造，保护自然水道，以保持天然河岸蜿蜒柔顺的岸线特点。坚持保护和新建相结合，并可能将河道自然地貌和植被融入整个河道绿化建设中。

4）乡土化原则

因地制宜，利用乡土材料和环保材料，如夯木堆石、竹子等工程建设，提高河流的生态性，在已有护岸的地方，通过全面散置石头、栽植芦苇和香蒲等形成群落，发挥水边植被具有的消减波浪的效果，并在水流急的地方适当添置木桩、编织箱等以增强效果。

5）景观化原则

选择一些风景较好的地段进行重点景观美化，修建一些休闲观景设施，如景观步行桥、观景亭、木栈道等，形成蓝道中的重要节点。

4.4.5 "全域风景"基础支撑系统

1. 道路交通体系衔接

（1）全域道路体系规划

佛冈县域内道路体系呈层级网络衔接模式。通过过境路 – 县道 – 村道与县域各村庄聚落、景区及县域内的三大特色组团相互连结，形成覆盖全域的网状风景线。同时佛冈全域风景化建设过程中的道路设计，需要分层级，针对性地进行设计，保证全域景观从重要节点到节点连接线景观的连续性（图 4-26）。

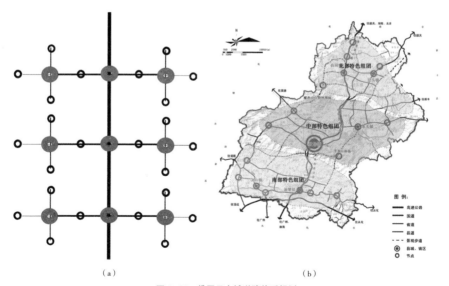

（a）　　　　　　　　　　　　　　　　　　（b）

图 4-26　佛冈县全域道路体系规划

（a）佛冈县域村庄聚落、景区与道路网络衔接模式；（b）佛冈县风景线组织示意图

（2）道路景观设计原则

乡村景观生态道路的建设要综合考虑道路建设与周围环境的协调发展，道路

生态景观设计应符合地域特征，充分利用乡土植物；设计规划要充分体现乡村的独特风情，营造生态环保型的景观道路；道路绿化建设工作应先保护后绿化，如保护地标树和乡土林；绿化应乔、灌、草结合，注意植物的合理搭配，维护物种多样性；有利于车辆安全行驶，构建多样化的开阔空间；生态路面的设计重点在于路面结构的透水和透气性，要根据道路等级、车流量，合理确定道路硬化方法。避免目前很多田间道路走向两极化，没有硬化或是过度硬化的情况[83]。

（3）道路景观工程方法

佛冈全域风景化建设过程中的道路设计，主要包括干道、支道、田间路、生产路和绿道的规划设计。

1）干道设计

宽度超过 8m 的干道应该设置中央分隔绿化带，其设计应考虑防眩和司机视线的要求，并根据车速和动态视角，采取高度为 1.6 ~ 1.7m 的灌木，连续栽植[84]；为富于变化，可以每隔一定距离点缀一株花灌木。

干道两侧绿化带设计可采用外高内低式，中灌木、近草坪三层绿化体系，树种以选择大冠幅的阔叶树为主。

干道两侧边坡绿化可根据土地情况进行绿化设计，必要时可采取挂网等方式，填方区的绿化可采用种草坪及花灌木等固土护坡，挖方路段前填方结合段的绿化，可采用密集绿化方式，从乔木过渡到中灌木、低灌木[84]。

在适宜地区和满足基层承载力前提下，干道路面可采用透水性铺装进行设计，如透水性沥青和透水性混凝土铺装。

必要时可建立涵洞，涵洞设计应尽量结合地形、地貌考虑，尽量做到与周边环境相协调。

2）支道设计

支道两侧绿化可选用乔草或灌草结构，植物种类以乡土种为宜。

支道生态路面的设计可选择石灰岩碎屑铺装、沙石铺装等材料：石灰岩碎屑铺装使用颗粒直径为 2~3mm 石灰岩碎屑；沙石铺装和碎石铺装选用直径为 2.5~5mm 的石子为原材料。

支道缓冲带建设宜以灌草或花草为宜，缓冲带宽度视支道宽度而定，一般为 2~5m 为宜。

如有必要，支道也可设立涵洞，涵洞设计要求同干道。

3）田间道设计

田间道两侧绿化可选用灌草或花草结构，植物种类以乡土野生种为宜。

田间道生态路面材料可选用石灰岩碎屑铺装、砂石铺装和碎石铺装；沙石铺砖的微细沙土和良质土的标准及配比为 2：3。

建设 40~50cm 宽的缓冲带,可选用部分灌木和一些草本地被植物,多以乡土种为宜。

4)生产道设计

生产道两侧绿化可结合缓冲带一起设计,宽度约 50cm 即可,植物种类可选用野生花卉或者草本地被植物。

生产道路面铺装可选用黏土铺装或土壤改良材料铺装:黏土铺装适用于排水良好的地方,一般适用水田或沼泽土,也可采用黏土和沙土的混合土。

2. 基础设施网络延伸

受经济发展条件和基础设施现状的影响,农村污水和垃圾处理已成为实施全域景观化的首要问题。解决这一难题,需要将基础设施网络向农村地区延伸,实现污水和垃圾处理无死角(图 4-27)。

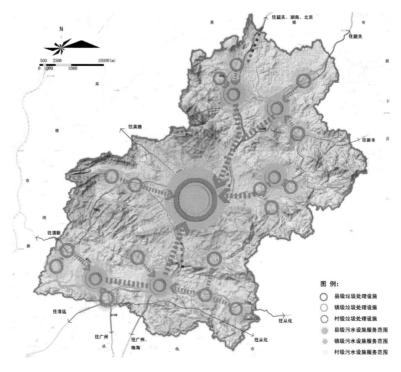

图 4-27 佛冈县基础设施组织示意图

污水处理应结合农村实际情况遵循生态化处理的理念,运用人工湿地工艺原理,实施"化粪池 + 厌氧池 + 人工湿处理池"方案。这种处理方式,具有天然环保、高效节能、简便易行、投资省、运行费用低等特点,并且系统中种植的风车草、芦苇、花叶芦等水生植物品种秀态万千，清雅无比，与周边优美的田园风光、宁静古村落融为一体，可塑造出一条亮丽的风景线。

农村垃圾是造成农村生活环境恶化的重要因素。具体实施中运用"户收集、村集中、镇转运、县处理"的模式，实现全县的垃圾都得到处理。根据《广东省生活垃圾无害化处理设施建设"十二五"规划》，"十二五"期间，广东计划每县均建成生活垃圾无害化处理场（厂），50%的建制镇实现生活垃圾无害化处理，并辐射延伸周边村庄。这也将为实现佛冈的全域风景化打下扎实基础。

3. 公共服务设施布点

公共服务设施是承载公共服务的空间载体，是保障社会正常运转的重要组成部分，其规划布局的合理和均等化发展对于实现全域风景化策略具有非常重要的现实意义。公共服务实施的均等化并不等于设施的平均布局或者分散化布局，而是要综合使用者对均等化的需求与管理者出于便于管理的集聚化要求之间的平衡。公共服务设施的布局基本以满足当前和将来发展的需求为前提，并充分考虑到人对活动空间、周边环境及社会交流的需求，按照合理、规模和经济等原则进行设置（图4-28）。公共服务设施的布局应同时考虑乡村与县城的空间距离，公共服务设施的服务范围、服务人口、重复利用的可能性以及配置区人口结构构成、未来发展状况等多方面原因，并强调居民享受公共服务的权利公平化，不同阶层、不同收入的人群都能找到符合自身需求的公共服务设施，并最终达到全民公共服务设施均等化的高级目标[85]。

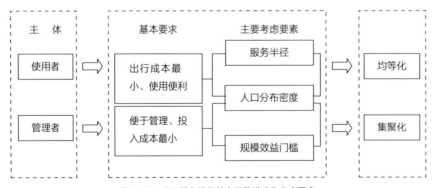

图4-28　公共服务设施基本配置模式及考虑要素

公共服务设施均等化是佛冈县实现全域风景化的重要组成部分。配置过程中应综合考虑服务半径、人口密度分布、规模效益门槛等因素以"县级—镇级—中心村级"的层级模式进行布局，并且在不同等级公共服务中心中对具体服务设施分层次配置（表4-5、图4-29）。

公共服务设施层次配置一览   表 4-5

级别 公服类型	县级	镇级	中心村级
行政管理	县级党政机关等公共管理与服务机关	镇级党政机关等公共管理与服务机关	中村村级党政机关等公共管理与服务机关
文化	图书馆、博物馆、展览馆、文化活动中心、少年宫等	图书馆、综合文化活动中心	文化活动室、图书室
教育	中等专业学校、职业学校、中学、小学、幼儿园	中学、小学、幼儿园	小学、幼儿园
体育	体育场馆、游泳场馆、各类球场、综合健身场地	各类球场、综合健身场地	篮球场、综合健身场地
医疗卫生	综合医院、专科医院、社区卫生服务中心	综合医院、社区卫生服务中心	卫生室、医疗室
社会福利	福利院、养老院、孤儿院等	养老院	——
商业服务	大型商场、超市、批发市场、零售商铺等	商场、肉菜市场、零售商铺	零售商铺、小商店
旅游服务	星级宾馆、旅游集散中心等	宾馆、游客接待站	农家乐

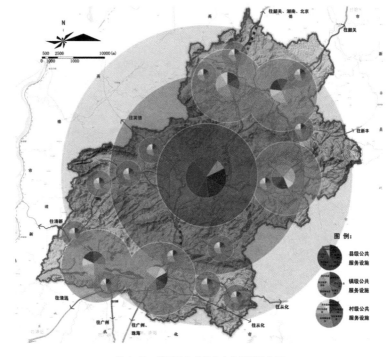

图 4-29　佛冈县公共服务中心配置示意图

同时需要指出具体的操作过程中不能无视地区城市化进程的规律、前景和效益，简单地把农村地区基本公共服务设施的全覆盖作为一种政治工程、民心工程，大规模实施"村村通工程"，而应学习长三角地区部分经济发达县市的经验，施配置与引导村庄集聚、集约发展相结合，从而保障城市化的健康推进。

4.4.6 佛冈"三宜"空间打造的目标图景

1. 宜游"风景"空间

基于佛冈的山水自然格局、交通网络结构、旅游资源特色与城镇发展态势，考虑到区域旅游分工与旅游线路组织、总体旅游形象塑造等，将佛冈的宜游风景空间确定为"一核、三圈、四区"（图 4-30）。

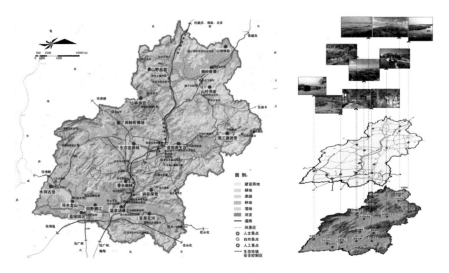

图 4-30　佛冈"全域风景化"宜游空间布局概念图

（1）一核

即以县城——石角镇为旅游服务核心，将其建设成为全县旅游业发展的"心脏"和"大脑"，成为游客集散的核心，成为旅游住宿、餐饮、交通、娱乐设施集聚的核心。在规划措施上，一方面，要进一步增加石角镇的人口规模，促进经济发展，夯实城镇实力。另一方面，要保护利用好县城的历史建筑、特色街区等文化遗存，提升县城的文化内涵；保护好和亮化好穿越城区而过的潖江河道水域，在河道沿岸及周边建设布局商业步行街、特色美食街、酒吧街、购物街、休闲娱乐街等，使这一贯穿城市中心区的美丽河道，成为城市水上景观带，使滨江地带成为城市游憩商业区（RBD），成为石角镇最主要的旅游活动地区。第三方面，必须进一步完善旅游接待服务水平，依托石角镇建设高水平、高标准的旅游接待服务中心、大型商业设施势在必行。利用现有的服务设施，进一步完善旅游接待、娱乐服务、购物等功能，规划建设五星级酒店、山庄度假村、旅游接待中心；加强对县城周边森林公园的开发，使其成为供本地居民休闲和外来游客游览的吸引物；进一步完善县城的对外交通网络，开通县城至各景区的旅游观光巴士。

（2）三圈

依据佛冈县全域"南、中、北"三个风景片区，相应地形成"南、中、北"三个旅游圈：

1）南部的汤塘－龙山生态温泉度假圈：以汤塘镇为主中心、龙山镇为副中心，着力于发展以健康养生为主题的温泉度假旅游、乡村旅游、文化旅游等。为此，一是要加强对温泉资源的保护和统筹开发利用，二是要加强对乡村景观、文化资源的保护与合理开发，加快上岳古民居的文化旅游开发和洛洞的生态旅游开发等。

2）中部的石角－水头观光休闲娱乐圈：以县城石角镇为主中心、水头镇为副中心，着力于发展商业旅游、文化旅游、商务旅游；以外围乡村、山地为依托，着力于发展休闲度假旅游、生态旅游；完善餐饮、购物、住宿、交通、娱乐等旅游配套设施，使县城成为全县的旅游集散中心。

3）北部的高岗－迳头生态文化体验圈：以高岗镇为主中心、迳头镇为副中心，着力于发展科考、探险、漂流、穿越、溯溪、观鸟等生态旅游以及民俗文化旅游。

（3）四区

1）自然山水功能区。主要包括：观音山、羊角山、独凰山、通天蜡烛、黄花湖、潖江、烟岭河等。它们是佛冈自然山水最为优美的地方。对自然山水，一方面要加强资源的保护、调查、挖掘；另一方面着力开发生态旅游、观光旅游等对环境影响较小的旅游产品。

2）人文文化功能区。主要包括：观音山王山寺、大庙峡，汤塘镇三爱亭、汤塘古围屋，龙山镇上岳古民居群，水头镇龙牙寺、东坑祠、清献崔公祠，高岗镇新联村，迳头镇土仓下村、石咀头村、甲名村，石角镇科旺村龙冈市古街、黄花石寨等以及发展工业生态旅游项目的亿骅珠宝工业园等。规划期内，在保护好传统文化旅游资源的同时，应增强文化旅游的现代内涵。当然，也包括一些非物质文化遗产方面的旅游欣赏，如高岗豆腐节、汤塘舞被狮、四九舞鲤鱼灯、上岳抢花炮等。

3）乡村田园功能区。主要包括：田野休闲农牧农庄、沙糖桔种植基地、迳头镇霸王花种植基地以及其他风景优美的乡村地区等。其主要为游客提供乡村酒店、农业观光、农事体验等乡村旅游活动。规划将省道354线（龙山段）和省道252线（石角段）发展成为一条有着优美乡村田园景观，休闲度假、文化旅游景点众多的旅游大道，沿线有田野休闲农牧农庄、石联风景区、时代旅游度假区、上岳古民居、斑龙生态科技园等重要旅游景区。

4）休闲度假功能区。主要包括：汤塘的温泉度假区，如聚龙湾天然温泉度假村、森波拉温泉度假、黄花湖温泉度假区以及高尔夫旅游、康体健身旅游等。

2. 宜业"风景"空间

宜业"风景"空间是通过各种规划和建设手段创造风景，并将风景转化为生产力的直接空间体现。主要包括三个方面的内容：第一，通过产业创造风景，即对农业布局进行调整和优化，打造精品农业、特色产业，通过规模化集聚，创造广阔、统一、纯粹的地理景观，形成具有吸引力的农业风景空间。第二，以风景为原则发展工业，工业低耗化；农产品加工业，生态工业，高新技术产业。第三以风景为基础发展旅游业，实现旅游广域化。

宜业"风景"空间是通过各种规划和建设手段创造风景，并将风景转化为生产力的直接空间体现。主要包括三个方面的内容：第一，通过产业创造风景，即对农业布局进行调整和优化，打造精品农业、特色农业，争取实现现代化农业。通过规模化集聚，创造广阔、统一、纯粹的地理景观，形成具有吸引力的农业风景空间。第二，以不破坏风景、努力创造风景为原则发展工业，工业低碳化、低耗化、生态化的绿色发展。第三，以全县的山水风景、农业风景、聚落风景和文化风景为基础广泛发展体验式农业、旅游观光业、休闲服务业，实现旅游广域化，带动全域经济增长。

总体来说，佛冈县的产业空间有着"工农分异明显，南北经济各有所长"的特点（图4-31）。

（1）农业

建立六大农产品生产基地。一是13万亩粮食生产基地，其中水稻10万亩；二是8.5万亩蔬菜生产基地，其中无公害（绿色认证）蔬菜基地7万亩；三是23万亩水果生产基地，其中优质沙糖桔19万亩，荔枝3万亩，龙眼1万亩；四是14万头瘦肉型猪生产基地；五是180万只家禽生产基地；六是1.76万亩水产养殖基地。

（2）工业

从空间布局上看，佛冈县工业地区分布主要为：高岗以发展新型工业为主；迳头以纺织服装产业为主；石角以电子化工及相关产业为主；水头以食品加工产业为主；龙山以制冷设备制造、新型工业、汽配产业、玩具产业等为主；汤塘以食品加工业、食品饮料原料生产为主。

县域工业主要分布在中心城区以及龙山、汤塘两镇，通过工业园区的集聚相关产业发展，作为未来县域经济发展的重要抓手，在未来应该给予一定的政策优惠与支持。县域北部地区由于现状开发水平较低，且由于地形地貌、生态保护等因素，不宜大规模地发展工业，鼓励其在适当的时机发展一定数量的环境友好型企业，为佛冈未来的发展提供充足的预留空间。

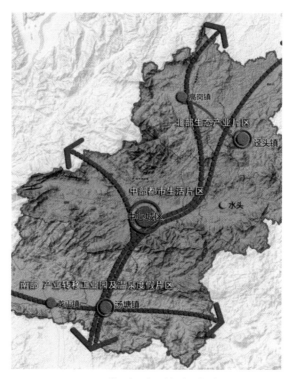

图 4-31　佛冈宜业产业空间布局规划图

（3）服务业

南部的汤塘——龙山生态温泉旅游经济圈：以汤塘镇为主中心、龙山镇为副中心，着力于发展以健康养生为主题的温泉度假旅游、乡村旅游、义化旅游。

中部的石角——水头观光休闲娱乐圈：以县城石角镇为主中心，水头镇为副中心，着力于发展商业旅游、文化旅游、商务旅游，完善餐饮购物、住宿、交通、娱乐等旅游配套设施，使县城成为全县的旅游集散中心。

北部的高岗——迳头生态、文化旅游圈：以高岗镇为主中心、迳头镇为副中心，着力于发展科考、探险、漂流、穿越、溯溪、观鸟等生态以及民俗文化旅游。

3. 宜居"风景"空间

宜居"风景"是指居住空间宜人、配套设施完善、社区服务健全、社会和谐稳定、文明程度较高的居住空间景观。宜居"风景"既是一种直观上的体验和感受，也是一种视觉上的感知和表达。宜居"风景"的空间落实具体可体现在大的聚落架构和小的村居形态两大方面。从相对宏观的聚落架构来看，全域宜居风景可分为县城、城镇、新型住区、村居等四种空间聚落层次，不同的聚落空间具有不同的类型特点，并适应于不同的居住需求和居住人群。合理的聚落空间架构能够为宜居风景的打造提供良好的空间基础，根据不同类型的居住需求提供多样化的宜居空间选择。

结合佛冈全域聚落空间的层次特征，将其聚落空间架构划分为"县城——镇区——新型住区——村庄"四个层次，其中，镇区部分可以分为特色名镇①和一般镇，村庄可分为风情名村和一般村。县城是整个县域综合性的生活和旅游宜居地，为全县人口提供最便捷全面的生活居住配套服务和城市居住产品供给；镇区是各个镇的生活居住集聚地，为镇域各个居民点提供综合型的生活服务；新型住区则是在城市化作用下的郊区型生态住区，适应于特定的生活居住需求及其人群，既可能是本地人口，也可能是外来（旅游）人口；村庄则是全域宜居风景空间中最普遍最广泛的聚落空间形式，是广大农民的生活集聚地，同时也是外来旅游人口的休闲驻足地，应当结合地方特色和要求进行空间梳理和整合。

其次，佛冈宜居风景的打造还应注重片区风格的引导，如下的"全域风景化"整体空间策划中，根据不同地区的空间资源特征，把佛冈县域划分为北、中、南三个片区，且每个片区依次以山、城、水作为该片区的形象主旨进行打造。在中观宜居空间的塑造上，需注重引导聚落形态特征与片区整体空间形象的结合（图4-32）。在北部以山林为特色的主题营造中，应充分利用自然山林资源，塑造"城在山间、村在林中"的聚落风貌，注重自然环境与人工聚落的融合。在中部以城居为主要资源进行主旨空间营造，充分发挥县城的综合生活服务职能和碧桂园等新型生态住区的居住环境，打造具有佛冈宜居和服务新形象。南部则以水作文章，利用潖江丰富的水资源及其水系网络，结合聚龙湾等温泉度假区建设，充分挖掘水环境的资源潜力，打造具有佛冈滨水风景特色的南部宜居城和山水生态村居。

① 特色名镇一般指符合小城镇建设发展规律，规划科学合理、主导产业突出、城镇功能完善、生态环境良好、生活水平较高，在产业形态、人文自然、公共服务等方面，特别是在宜居宜业、文明风尚、社会和谐、活力创新上，体现出较强特色和优势，具有较大的影响力和较高的知名度，辐射带动能力较强的镇（乡）。

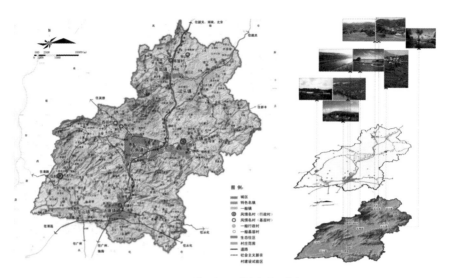

图 4-32　佛冈宜居聚落空间布局意象

　　此外,从微观层面考虑,宜居风景空间的打造还应注重村镇聚落形态的协调性,即需要对城镇 - 村庄的建筑形态及其空间环境进行合理引导,除了基于不同片区特色打造的引导外,还应注意结合村镇特点如特色镇和一般镇等,进行相应的引导,使其相互之间及与地方特色能够保持融合协调(图 4-33)。

图 4-33　山林村落布局和形态的协调一致

4.5   行动计划和实施保障

4.5.1   "全域风景化"行动计划分解

1. 整体实施策划

在"全域风景化"的战略导引下，以山水田园的大地景观为承载，以农业休闲旅游和生态农业的发展为驱动，以佛教、广府、客家多元文化为魅力、以温泉旅游度假为品牌，以名镇名村建设为切入和契机，目标明确，逐步实施。

（1）宜居城市实施计划

积极贯彻落实《中共广东省委 广东省人民政府关于提高我省城市化发展水平的意见》中提出的清远作为宜居城乡进行试点建设的任务要求，并借此历史机遇大力推动佛冈宜居城乡建设，包括生态维护、环境整治、基础设施建设等的建设，适时推动完善佛冈地区宜居水平的提高，为"全域风景化"的推进提供良好的生活居住环境平台。

（2）名镇名村实施计划

根据省委省政府的指导思想和政策要求，积极推动名镇名村示范县建设，以名镇名村建设作为现阶段"全域风景化"开展的切入点和落脚点，充分考虑地方在田园景观、休闲旅游、农业观光、文化体验和温泉度假等方面的资源优势特色，选取若干具有鲜明地域特色和资源优势的村镇作为名镇、名村和示范村，进行重点打造和示范带动，并带动佛冈县乃至清远市以及周边区域其他乡村的发展提升。具体的名镇名村建设规划详见报告上所述的"全域风景化"战略引领下的名镇名村示范村建设。

（3）村庄环境整治改造计划

生态环境整治是实施和实现"全域风景化"的基本环境保障，也是提升农村生产生活水平的根本需求。通过对乡村风景林带、农业景观、聚落环境和环卫设施等方面的改造，如通过实施风景林带"林化"工程、农业景观"美化"工程（如一村一品的农业特色种植项目）、村镇环卫"净化"工程、村镇风貌建设"特色化"工程等，全面改造村镇生态环境和自然、人文景观，提升村镇整体生态环境质量和生产生活环境水平。

（4）城镇与乡村产业协调互补计划

城镇和乡村产业的发展是难以分割和相辅相成的联合体。长期以来，城镇和乡村产业的发展总是向着人们预想中的同质化路径发展，希望能够促使乡村产业的高效化，但历史证明，很多时候这种路径带来更多的生态环境污染、原有的生态优势被无情的侵占和吞噬，城市和乡村产业发展难以在同质化的基础上持续。在"全域风景化"的战略引领下，需要开展针对城镇和乡村产业发展的差异化研究，并实施相关的互补联动策略计划，统筹城乡产业的发展协调，最多限度的发挥村镇地区的优势资源和产业特色，实现错位式的发展和融合。

（5）城乡基本公共服务设施均等化计划

在"全域风景化"战略的引领下，积极实施覆盖全域的城乡基本公共服务均等化计划，尤其是注重村镇地区的公共服务设施的建设完善，提升乡村基础设施建设水平，缩短城乡之间的设施服务水平的差距，以利于引导城乡之间人口的自主迁移和就业选择。

（6）政府工作组织计划

以"全域风景化"为县政府工作的思想统领，并分解成若干针对性的任务和工作计划，国土、规划建设主管、市政园林、农业、经贸、财政等各部门根据各自职能进行落实和实施。县政府应尽快成立"全域风景化"工作领导小组，由主管副县长担任组长，其他部分积极配合实施抓好落实，并定期开展各部门联合会议，汇报工作进展情况，制定工作计划，并定期考核和评比，调动县各部门的力量，切实推动"全域风景化"的实施落实。

2. 建设时序安排

（1）近期阶段（1～3年）：塑造亮点，打造名镇名村

全域风景化的第一阶段重点在于，通过风景节点的特色塑造，从而提升地方景观品质与品牌形象。近期通过推进名镇名村示范村的切入和启动，开启佛冈县全域风景化战略，将有利于迅速打开局面。通过名镇名村示范村建设寻找全域风景化的实施方法与发挥示范带动的作用，在过程中总结建设经验与调整工作方式，为全域风景化的战略实现提供坚实基础与示范典型。

近期建设计划主要包括策动名镇名村示范村建设、风景林带建设、农村环境卫生计划等建设项行动计划，其中名镇名村示范村是核心和切入点，是"全域风景化"实施的基础性工作。通过集中力量建设一批名镇名村示范村，实现"一年初见成效，两年实现目标"的宏观目标和政策要求。

近期实施计划跨度为1～3年，即从2012年至2015年。

（2）中期阶段（4～6年）：搭建框架，建设风景游线

全域风景化的第二阶段重点在于通过风景游线在全县域的构建完善，形成佛冈全域风景化风景战略框架，有点及线，逐步铺开对于全域风景化要素的打造。

（3）远期阶段（7～10年），提升整体，凸显全域风景

在框架构建和旅游线路打造的基础上，继续丰富佛冈全域范围内的景观要素打造，并使其能够与之前打造的风景化要素紧密地联系起来，形成统一的整体形象，真正实现全域风景的景观风貌特色。

4.5.2 佛冈打造"全域风景化"的机制保障

1. 区域政策倾斜和资金支持

为有效实施和顺利推进"全域风景化"，需要重点在政策和资金方面给予大力支持。在土地供应方面，在开发建设和保护环境中，需要坚持约束和鼓励相结合的方法。对于打造全域风景相关的项目用地或企业发展用地，在进行严格审查的基础上，给予指标上的鼓励和支持，适当进行建设用地指标的倾斜；而对于与打造全域风景无关的、对佛冈未来风景化方向相悖的项目用地，必须对其进行严格限制和禁止，并按照全域风景打造的思路，制定企业准入的相关标准，从源头上遏制企业生产对地区环境和发展导向的影响。同时，在农业经营合作制度设计上应当进行创新，努力打破原有的以家庭承包责任制为主导的农户个体农业生产模式，应该积极推崇企业带动、农民合作和共同分享的产业经营模式，大力引进富有经验和资金实力的龙头企业，充分挖掘和发挥农业资源优势，调动农民生产的积极性，提升其经济效益，营造大规模的全域风景途径，为全域风景化打造提供良好的支持平台。

此外，资金的支持对于全域风景化的实施也至关重要。按照整体策划和时序安排，应有理有序的实行专项性的资金支持和拨付，根据阶段性的目标和工作，逐步引导资金向相关重点工作倾斜，包括村容整治改造、产业发展、风景区打造等方面，同时鼓励民间资本和银行资本的有序进入，加强资金引进力度，增强资金活力及其持续利用能力，为全域风景打造提供有效保障。此外，实施全域风景化还需要充分调动社会资源，包括地方机构、企业组织、民间团体以及民众等，充分调动并发挥其参与的积极性，形成合力，共同推进战略的实施和落实。

2. 地方政府重视和多部门协作

"全域风景化"的实施终究是一项以政府为组织主体的公共政策活动。而且作为引导地区发展的系统性工程，"全域风景化"战略的推行，不仅仅是某个部门或单位的事务，而是涉及整个政府运行体系中的多部门职能发挥，因此，需要进行多部门的交流与合力。从资金、技术引导和政策支持方面来讲，需要省直相关部门，包括旅游局、住房城乡建设厅、国土厅、农业厅等省直职能部门针对"全域风景化"有关旅游、规划建设、土地指标、农业发展等方面进行针对性的政策研究制定和技术指导，并不定期地进行业务交流，实时跟踪和解决实施过程当中出现的问题，有效保障相关工作的实施推进。

对于佛冈"全域风景化"工作而言，地方政府的组织推动更为重要。首先，应建立合理完善的"全域风景化"工作机制及组织架构，在不同部门间形成分工明确、职责分明、易于考核的工作框架，充分发挥地方各职能部门的职责作用，在共同的目标和任务要求下形成工作合力和推动力。其次,各部门间应各司其职(图 4-34),分担"全域风景化"推进过程中的各个方面的工作(包括针对不同专项工作的项目包),并加强部门间的相互协作与交流,推动各项工作的持续完善。

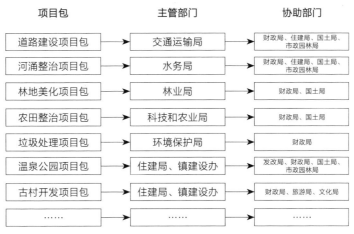

图 4-34 "全域风景化"工作项目分解及地方职能部门分工协作

3. 规划建设技术支持和跟踪服务

为科学有效推动"全域风景化"的建设实施,需要相应建立起规划建设指导和信息服务机制,包括"全域风景化"数据信息系统、规划项目招标体系、项目跟踪系统等。完善地区规划招投标机制环境,设立公开透明的招投标程序,对规划设计单位进行严格甄选。增强规划建设跟踪服务,通过定期开办培训班和交流会,普及"全域风景化"理论及实践知识,加强相关规划建设工作的指导,促进技术单位与当地政府尤其是相关职能部门的沟通交流和意见反馈,不断修正和改善项目实施过程中出现的偏离或差距,统一建设思路和目标理念,为地方政府提供全面的长期的规划设计指导,保障"全域风景化"的实施和地方规划建设的合理高效。

4. 推动民众共同参与和积极配合

"全域风景化"作为新的社会经济发展环境和城市化模式下的新型战略选择,同时,这项工作的最终着眼点和落脚点也是惠及全民,让地区更多的民众去感受和体验全域风景,以及其为生产生活带来的巨大变化,因此,"全域风景化"需要让更多的人们去了解、理解、认知和接受。通过报纸、电视、网络、广播等多媒体加大宣传"全域风景化"的战略意图、工作内容和实施方案,让更多的民众了解和支持工作的推进。完善规划公众参与力度,落实工作责任及奖惩机制,引导当地民众以主人翁的身份切身参与到日常的"全域风景化"建设工作当中,形成"政府组织引导、企业推动主导、民众参与互惠"的和谐局面。

第 5 章

"全域风景化"战略与佛冈部门
规划工作的衔接

5.1 自然风景营造与部门规划衔接

5.1.1 明确自然保护区、森林公园、郊野公园、生态公益林等生态要素的保护范围，将其纳入生态控制线与林业生态红线

本课题建议将观音山省级自然保护区划入生态控制线一级管制区，将羊角山森林公园、北山公园、山田公园、森波拉、生态公益林等划入生态控制线二级管制区（图 5-1）。

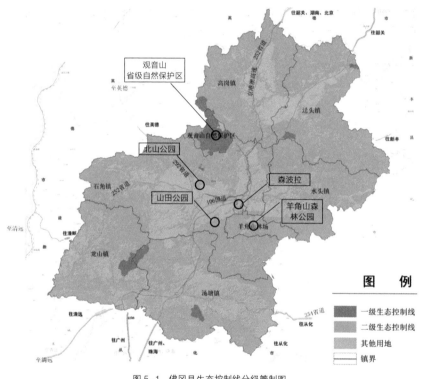

图 5-1　佛冈县生态控制线分级管制图

生态控制线一级管制区管控要求：实行最严格的管控措施，由省通过立法和行政等手段进行强制性监督控制，由市政府实施日常管理。在一级管制区内，禁止从事与生态保护无关的开发活动，以及其他可能破坏生态环境的活动。除生态保护与修复工程，文化自然遗产保护、森林防火、应急救援、军事与安全保密设施，必要的旅游交通、通信等基础设施外，不得进行其他项目建设，并逐步清理区域内的现有污染源。

生态控制线二级管制区管控要求：在二级管制区内，以生态保护为主，严格控

制有损生态系统服务的开发建设活动。除生态保护与修复工程,文化自然遗产保护、森林防火、应急救援、军事与安全保密设施,以及必要的农村生活及配套服务设施、垦殖生产基础设施外,不得进行其他项目建设。确需占用二级管制区的公共基础设施,以及生态型旅游休闲设施项目,应经市人民政府同意后,由发展改革、经济和信息化、国土资源、环境保护、住房城乡建设、规划、农业、水利、旅游、海洋与渔业、林业等部门,按照有关规定进行项目审批或核准、备案。各地可结合实际情况,对二级管制区范围作进一步细分,并制定相应的管控措施。政府相关配套管理措施没有明确的,按相关法律法规最严格的要求执行。

　　本课题建议将观音山自然保护区的核心区和缓冲区划入Ⅰ级保护区域,将一二级国家级公益林地、观音山自然保护区的实验区、羊角山森林公园的核心景观区和生态保育区、重要交通干线与河流两侧 1km 范围内的林地、重要湖泊水库周边 1km 范围内的林地等要素划入Ⅱ级保护区域(图 5-2)。

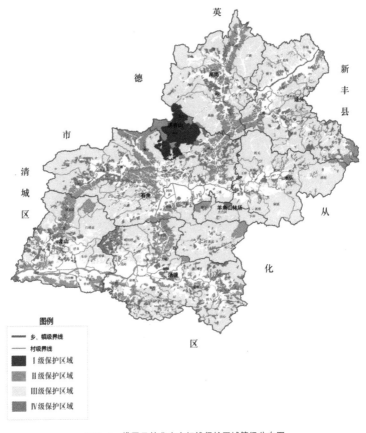

图 5-2　佛冈县林业生态红线保护区域等级分布图

Ⅰ级保护区域管控措施：实行全面封禁管护，禁止各种生产性经营活动，禁止猎捕野生动物和采挖国家保护野生植物，原则上禁止改变用途。对计划建设的公路、铁路、油气管道等省级以上重点线性工程项目需穿越Ⅰ级保护区域的，要在通过项目建设合法性、必要性、选址唯一性论证和环境影响评价、权威专家评审等有关程序，并制定将环保风险降至最低程度的相关技术措施后，按规定办理相关审批手续。

Ⅱ级保护区域管控措施：实施局部封禁管护，鼓励和引导抚育性管理，通过补植套种和低效林改造，改善林分质量和森林健康状况。严格控制商品性采伐，区域内的商品林地要逐步退出，并划入生态公益林管理范围。除国家和省、市重点建设项目占用征收外，不得以其他任何方式改变用途。湿地因国家和省、市重点建设项目征占用的，须按占补平衡原则恢复同等面积的湿地。国家有其他特殊规定的，从其规定。

同时，本课题在保护自然保护区、森林公园、郊野公园、生态公益林等生态要素的前提下，实现佛冈的山林风景化、片区化，包括扩大特色山林规模、丰富特色山林类型、保护特色山林空间完整性、改善林地质量等。

5.1.2 将主干河流、湖泊、水库等自然水系纳入生态控制线，构筑河流生态廊道

本课题建议将龙山镇良洞水库水源地、迳头镇大陂水与社背山水源地、高岗镇上坪水源保护区、汤塘镇止贝氹水源地保护区、潖江部分流域等一级水源保护区划入生态控制线一级管制区，将潖江、潖二江、烟岭河、四九河等主干河流及堤围、黄花湖、放牛洞水库、二级水源保护区等划入生态控制线二级管制区（图5-3）。

同时，本课题建议佛冈国民经济发展规划将重大的水利治理项目纳入重点项目库（表5-1），通过重大水利治理项目的落实，提高自然水系的保护力度，构筑河流生态廊道。

本课题建议佛冈保护好水源保护区、主干河流及堤围、湖泊、水库等自然水系，并对自然水系进行治理；在此基础上，通过河道堤岸的生态化修复、沿河绿带的生态化修复等措施，构筑河流生态廊道，构建水安全格局。同时，根据河流生态廊道的建设目标，提出相应的水利治理、修复方面的项目并建议未来国民经济发展规划将其纳入重大水利项目。

图 5-3 佛冈县水源保护区、主干河流及堤围、湖泊、水库分布图

建议纳入"十三五"规划的重大水利治理项目   表 5-1

序号	项目名称	建设阶段	建设规模	建设起止年限
1	潖江河滞洪区	新建	水利设施建设	2016-2020
2	佛冈县中小河流治理工程	新建	治理河长 97.93km	2016-2017
3	潖江(联和堤、高滩堤)治理工程	新建	治理河长 5.85km,其中河道清淤 0.43km,护岸 2.35km,加固堤防 4.88km	2016
4	四九水治理工程	新建	治理河长 25km,其中河道清淤 19.4km,护岸 17.3km,加固堤防 10.8km	2016
5	佛冈县龙南水治理工程	续建	治理河道,总长 22.269km;护岸,河长 13.539km;河道清淤,长度 22.269km	2015-2016
6	民安水治理工程	新建	治理河长 11.7km,其中河道清淤 11.7km,新建护岸 4.2km,新建防洪堤 1.58km	2016

序号	项目名称	建设阶段	建设规模	建设起止年限
7	黄花水治理工程	新建	治理河长 9.29km，其中河道清淤 1.3km，新建护岸 15.31km	2016
8	高镇水治理工程	新建	治理河长 11.7km，其中河道清淤 11.7km，新建护岸 5.79km	2016
9	佛冈县九曲水、社坪水整治工程	新建	九曲水：治理河道长度约为 5.592km；社坪水：治理河道长度约为 2.5km	2016
10	汤塘镇新塘汤塘堤	新建	10.5km	2016-2018
11	汤塘镇洛洞水	新建	8km	2016-2018
12	汤塘镇竹山水	新建	13km	2016-2018

5.1.3　结合基本农田布局，塑造田园景园风光

根据《清远市佛冈县土地利用总体规划（2010-2020）》，佛冈共有基本农田 178.3km² （图 5-4），占佛冈县域总面积的 13.8%，在全县均有分布。本课题建议佛冈利用基本农田，通过田园规模化耕作、作物特色化种植（水稻、蔬菜、水果、花卉等）等措施，充分发挥基本农田的经济价值与观赏价值，塑造斑块化的田园景园风光，体现人与自然的和谐融合之美。

5.2　聚落风景营造与部门规划衔接

5.2.1　构建体系化的"一站式"服务聚落，引导空间结构与城镇职能优化调整

城镇（包括县城、镇区）空间是全域范围内风景服务的重要载体，承载着打造风景服务平台所必需的旅居、商品、休闲、餐饮、交通等功能空间，是全域风景打造的服务集聚地和整合地。城镇聚落应该提供并承担为全域及其相应的覆盖区域提供"一站式"服务的职能作用。本课题认为，通过构建体系化的城镇聚落"一站式"服务职能，可引导各城镇的规模等级、职能结构等内容，并可进一步引导特色小镇进行特色化、差异化得职能定位，如县城（石角镇）更多培育商贸、酒店、餐饮、文化休闲等旅游综合服务职能，汤塘镇更多培育温泉旅游方面所需的服务职能，迳头镇、高岗镇更多培育山林体验、生态旅游方面所需的服务职能，水头镇更多培育生态农业游所需的服务职能（图 5-5）。

图 5-4 佛冈基本农田分布图

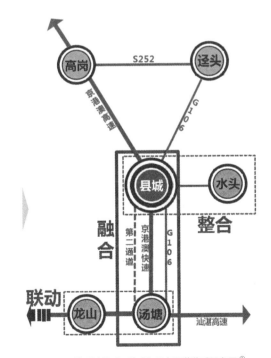

图 5-5 佛冈城镇"一站式"服务聚落体系示意图 [①]

---

① 资料来源: 佛冈县总体规划修编（2015-2030）。

以上述城镇"一站式"服务聚落体系为基础，本课题对佛冈的城镇空间结构、城镇体系、特色小镇发展定位等内容作出了指引，并形成如下相应内容：

佛冈县域构建"一心双核，两轴多点"的丁字型开放式空间结构（图 5-6）。其中，"一心"指佛冈县综合服务中心；"双核"指县城、汤塘镇；"两轴"指龙山 - 汤塘产业发展轴、南北城市发展轴；"多点"指高岗、迳头、水头、龙山等城镇。

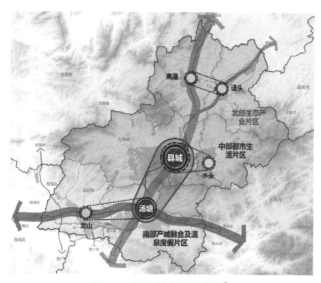

图 5-6　佛冈县域城镇空间结构[①]

在此基础上，佛冈的城镇职能体系如下（图 5-7、图 5-8、表 5-1）：

石角镇：县域中心，行政、商贸服务、文化体育、金融信息中心；

迳头镇：中心城镇，北部片区基础公共服务中心、外向型加工业基地、生态保护区与农产品基地；

汤塘镇：中心城镇，片区基础公共服务中心，工业型城镇、珠三角通往粤北山区和佛冈县的重要交通门户，承接珠三角产业转移的重要基地；

高岗镇：重点城镇，工农型城镇，制造业基地、农产品销售基地、生态保护区、生态旅游服务小镇；

龙山镇：重点城镇，工业型城镇，承接珠三角产业转移的重要基地，佛冈县南部平原地区的工业重镇，珠三角通往粤北山区和佛冈县的重要交通门户；

水头镇：一般城镇，重要的制造业基地、农产品销售流通基地、生态保护区、生态旅游服务小镇。

---

① 资料来源：佛冈县总体规划修编（2015-2030）。

图 5-7 佛冈县城镇体系规划图^①

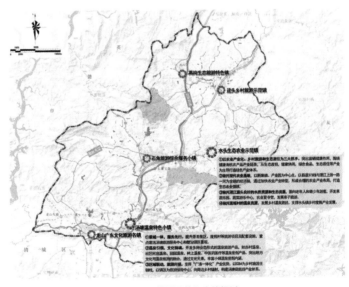

图 5-8 佛冈县特色小镇规划

---

① 资料来源：佛冈县总体规划修编（2015-2030）。

佛冈各城镇的旅游发展方向与定位见表 5-2。

佛冈乡镇旅游发展方向与定位表

表 5-2

乡镇	发展定位	发展指引
石角镇	旅游综合服务中心	依托佛冈城市建设，发展酒店服务业、餐饮服务业、休闲娱乐产业、特色农家乐等产业。建设湛江景观带，打造绕城休闲带，打造佛冈综合旅游服务中心
汤塘镇	温泉旅游小镇	依托镇区建设，以"温泉旅游小镇"开发为模式，旅游融入镇区建设，整治小镇景观，采用"穿衣戴帽"的手法，设计增加镇区温泉元素和岭南建筑元素，突出白墙灰瓦青砖岭南建筑特点，形成以温泉度假村为核心，以社区旅游为辅助的温泉旅游小镇
高岗镇	生态旅游特色小镇	结构上：规划"一心、一轴、三组团"的布局结构。 产品上：以观音山生态风景区和社岗下豆腐节为核心品牌。 战略上：以高岗豆腐节为引爆点，以观音山风景区为旅游支撑，主打生态旅游品牌
迳头镇	乡村旅游示范镇	结构上：构建"一心两河三带"的整体布局，以迳头镇区为旅游服务中心，重点打造烟岭河和迳头河休闲绿道及周边农业采摘园、示范园等，拓展 106 国道旅游发展带、烟岭河西岸观光农业示范带和迳头河沿岸观光农业示范带。 产品上：以农业观光、采摘旅游产品为核心产品。 战略上：要紧密结合农村综合改革的总体思路，建设一批美丽乡村，构建连点成线、辐射成片、组合成面的格局。提升烟岭河西岸、迳头河沿岸的旅游观光线路，打造镜头乡村旅游的示范区
水头镇	生态农业示范镇	围绕健康有机农产品产业链，以莲瑶村的芦笋为核心，发展富硒大米、茶叶、薯类、花生等农产品，拓展健康美食产业。 依托湛江源头良好的水质资源和生态资源，开发果蔬乐园、蔬菜游乐中心，农业夏令营，发展亲子旅游。 依托莲瑶村的温泉资源，发展乡村温泉旅游
龙山镇	广东文化旅游名镇	（1）发展以上岳人文古村落等为主题的特色旅游产业及配套产业，加大宣传力度，以乡村旅游业发展进一步带动全镇经济发展。 （2）结合美丽乡村建设，加快家庭农场发展，努力打造一批特色农业项目，发展现代农业，不断增加农民收入。 （3）利用即将建成的汕湛高速公路黄塱出口交通便利的优势，在周边因地制宜打造新一批各具特色的农家乐，进一步发展乡村生态休闲农业旅游

5.2.2 以乡村聚落引导名村、示范村建设,带动全域乡村旅游,实现村容整洁化、村居协调化

本书建议以"推动农村生活环境整治、营造村庄聚落清洁之美,强化古村落保护和综合利用、营造古村聚落文化之美,协调村居格调和布局形式、营造村居群落和谐之美"的乡村聚落发展策略,引导名村的建设规划以及示范村的规划设计。

首先,对上岳古村、汤塘围、社岗下村、麦坝、土仓下村、楼下村、大田村、洛洞村、上潭洞村、陈洞村、荆竹园、黄花村 12 个名村的发展定位进行了研究,并对其建设规划提出导向性指引(表 5-3)。

佛冈 12 个名村发展定位一览表　　　　　　　　　　　　表 5-3

序号	乡村名称	所属镇	发展定位
1	上岳古村	龙山镇	广东省历史文化名村,广东新型文化旅游地,广东省最美乡村旅游示范点
2	汤塘围	汤塘镇	温泉旅游示范村
3	社岗下村	高岗镇	民俗文化旅游示范村
4	麦坝	石角镇	乡村旅游示范村
5	土仓下围	迳头镇	民俗文化旅游示范村
6	楼下村	迳头镇	生态农业示范村
7	大田村	石角镇	乡村旅游示范村
8	洛洞村	汤塘镇	红色旅游示范村
9	上潭洞村	水头镇	泛户外运动乡村旅游示范村
10	陈洞村	高岗镇	乡村旅游示范村
11	荆竹园	迳头镇	泛户外运动乡村旅游示范村
12	黄花村	迳头镇	泛户外运动乡村旅游示范村

其次,建议迳头镇官坻围、高岗镇陈屋村、迳头镇土仓下村等示范村从整体风貌规划、道路交通完善、公共空间塑造、景观风貌提升、公共服务设施完善、基础设施配套、环境卫生整治等建设行动计划入手,进行规划设计方案编制,并建议其落实市政类、景观类、经营类、建筑类等一系列项目,促进示范村建设。部分规划内容指引如图 5-9 ~图 5-11 所示。

本书认为,佛冈通过名村建设规划以及示范村规划设计,可强化古村落的保护和综合利用,营造古村聚落文化之美;通过建设一批整体风貌和谐、道路交通完善、公共空间与景观风貌良好、公共设施配套完善、环境卫生整洁的美丽乡村,并以此作为示范,逐渐推广到佛冈全域,可实现村容整洁化、村居协调化的目标。

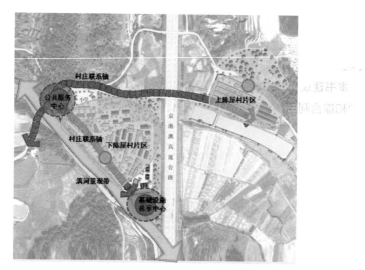

图 5-9　佛冈某示范村整体风貌规划行动示意图

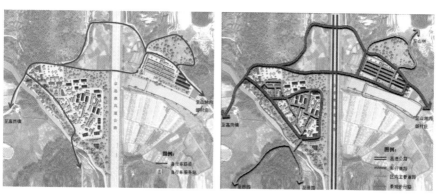

图 5-10　佛冈某示范村道路交通完善行动示意图

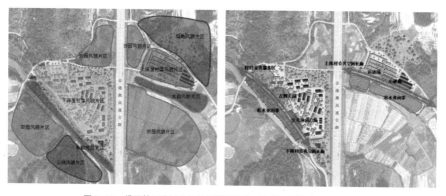

图 5-11　佛冈某示范村公共空间塑造行动、景观风貌提升行动示意图

5.2.3　结合城镇与乡村聚落的建设用地需求，优化调整土地利用总体规划

根据《清远市佛冈县土地利用总体规划（2010—2020）》，佛冈的城镇用地共 14.43km²，主要分布在县城，各个镇区也有分布；农村居民点用地共 35.75km²，呈现出沿琶江、烟岭河等主要河流布局的空间特征（图 5-12）。

图 5-12　佛冈城镇用地与农村居民点用地分布图

城镇聚落一方面需要为居民提供居住、生活、休憩空间以及服务配套设施，另一方面需要为游客提供集旅居、商品、休闲、餐饮、交通等于一体的"一站式"服务；乡村聚落一方面需要为村民提供村居、基本的公共服务配套设施，另一方面也要为乡村旅游、农业旅游、农家乐等提供发展空间。因此，需要与生态控制线划定规划、城市总体规划、土地利用总体规划等充分衔接，在不占用生态控制线、基本农田保护区的前提下，保证城镇聚落与乡村 聚落的居住、生活、休憩、公共服务、旅游服务等功能所需的建设用地供应。尽量将需要建设用地规模的项目与设施选址在土规与城规均为建设用地的地块，若重大项目或大型设施选址在土规

或城规不为建设用地的地块，应保证其不占用生态要素，并相应调整土规或城规的建设用地范围，保障重大项目或大型设施的有效落实。

5.3 产业风景与部门规划衔接

5.3.1 结合农业现代化、特色化经营，引导特色农业与农业园区布局

本课题对农业风景提出了规模化、现代化、特色化、精品化、农业旅游等发展策略。其中，特色农业即坚持"一乡（村）一品"的发展策略，各片区、各镇、各村侧重发展自己具有比较优势的特色农业；农业旅游即以观光农业为基础大力发展生态旅游、绿色旅游、农场旅游、农艺旅游、农庄旅游、农户旅游等；产业化农业包括实行集约化经营、订单化作业（订单农业）、规模化种植（养殖）、精细化（深）加工、品牌化营销、社会化服务、信息化管理、标准化规制、工业化组织（公司＋基地＋农户）等。

以农业特色化策略为引导，确定佛冈特色农业布局如表 5-4 和图 5-13 所示。

佛冈特色农业布局表（至 2020 年）　　　　　　表 5-4

亚类	品种	规划面积／产量	主要产地
种植业	粮食	13 万亩（其中优质稻 10 万亩）	汤塘、龙山、逕头、石角
	蔬菜	5 万亩（其中无公害蔬菜 4 万亩）	石角、汤塘、高岗、逕头
	水果	20 万亩（其中沙糖桔 10 万亩、荔枝 3.5 万亩、龙眼 2 万亩、芦笋 500 亩）	石角、龙山、水头、汤塘
林业	营林	1.5 万亩	逕头、高岗、水头、汤塘
畜牧业	生猪	15 万头	石角、汤塘、龙山、高岗、逕头、水头
	家禽	150 万只	汤塘、石角、高岗
水产养殖		1.5 万亩 /4000t	石角、龙山、高岗、水头、汤塘

以农业规模化、现代化策略为引导，建议佛冈建设四九农业园区、水头农业园区、逕头农业园区三大农业主题园区，引爆乡村休闲游（图 5-14）。其中，四九农业园区定位为热带水果农业园区，策划 S354 旅游风景道、水果采摘园、水果主题农家乐、荔枝园、水果 DIY 等项目；水头农业园区定位为养生休闲农业园区，策划独王山鹰嘴桃水果种植基地、王田百香果种植基地、西田村芦笋种植、

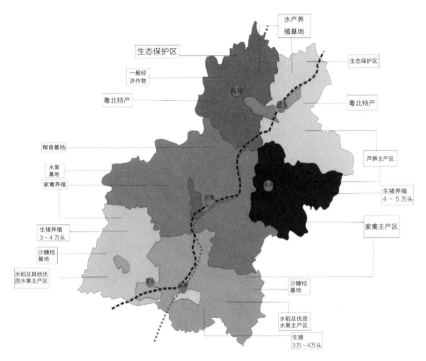

图 5-13 佛冈特色农业布局图

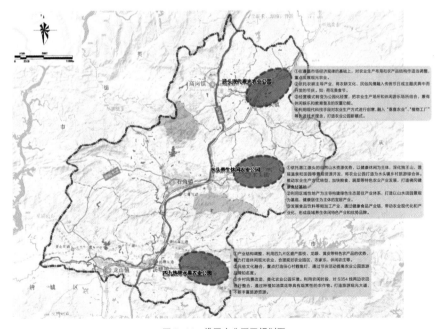

图 5-14 佛冈农业园区规划图

新坌家校通亲子种养体验基地、农耕博物馆、智能温室、农展馆、佛冈菜园、农科蔬苑、湿地公园、养生主题农家乐等项目；迳头农业园区定位为现代观光农业园区，策划千亩荷花基地、葡萄庄园、立体农业展馆、景观农田、农耕文化广场、锦绣烟岭、土仓下民俗文化旅游示范村、荷塘月色主题农家乐、佛冈乡村旅游案例馆等项目。

5.3.2 以空间集约、产业集群为引导，打造若干工业集聚区，并保障"两规"的建设用地供应

《佛冈县国民经济和社会发展第十三个五年规划纲要》提出，佛冈全力推进广清产业转移园佛冈集聚区建设，完善产业发展平台，重点对接广州优势产业链和产业带的延伸，将集聚区打造成为广清产业对接的拓展区、佛冈产业转型升级的发动机、推动广清一体化的重要平台。加快推进广清产业园佛冈拓展区汤塘片区开发建设，重点发展生物医药、生命健康、高端美颜美容等现代产业，加快建设中欧合作园、中韩合作园和海峡合作园等国际合作区。坚持产城融合开发理念，优质开发建设广清产业园佛冈拓展区石角片区，大力承接广州及珠三角产业转移，打造成为承接中新广州知识城和广州国际生物岛的主导产业延伸区和配套区。着力发展先进制造业，继续壮大发展空调制冷、食品饮料、电子科技、新型材料等现有主导产业，推动智能制造、节能环保、新能源等装备产业发展，开拓新一代通信、物联网等新型电子设备制造业。

佛冈"十三五"时期的工业和集聚区建设重点项目包括（表5-5）：

（1）电子产业集群——重点打造成为以建滔实业为龙头的电子产业集群；

（2）食品饮料产业集群——围绕加多宝草本植物公司，先后引进了加多宝饮料、吉多宝制罐（投资6.3亿元）、恒业包装等配套企业，重点打造成为以加多宝草本植物为龙头的食品饮料产业集群；

（3）广清产业园佛冈拓展区——石角片区（B1区）位于县城西南部，规划总面积25平方公里，以产城融合为开发理念，主要承接广州及珠三角产业转移，重点发展装备制造、食品加工等产业；汤塘片区（B2区）位于汤塘镇的围镇、黎安和大埔村一带，规划总面积 $10km^2$，重点发展生物医药、生命健康、高端美颜美容等产业；

（4）工业发展重点项目——深化产业链延伸，加快技术先进企业、税源型企业发展壮大，支持雅迪电动车、顺意佳纺织、南玻新材料、加多宝饮料、华劲汽配以及相关配套企业规模化发展。促进佛冈产业集聚区扩能增效，以产城融合为开发理念，着力打造工业发展新平台，使之成为经济集聚、人口集聚、宜业宜居的现代化产业新城，成为佛冈经济发展的重要增长极。

佛冈县"十三五"规划重大项目汇总表（工业项目）　　　表 5-5

序号	项目名称	建设阶段	建设规模	建设起止年限
1	广东雅迪汽车有限公司项目	新建	占地面积约 300 亩，租用龙山彩仕厂房，生产制造电动车	2015-2017
2	顺意佳纺织项目	续建	占地 90 亩	2014-2017
3	万兴工业集团总部项目	新建	新建厂区厂房、宿舍、办公楼	2016-2018
4	广东沃龙科技有限公司	新建	占地面积约 60 亩，主要生产制造空调冷冻设备配件	2015-2018
5	南玻（黄花）配套项目	新建	新建厂区厂房、办公楼及宿舍等生活配套建筑	2016-2020
6	佛冈东泽塑胶制品有限公司	新建	为雅迪电动车的配套企业，于 2016 年 1 月 26 日正式注册成立，预计项目投产后产值可达 1 亿元，税收达 300 万元	2016-2018
7	清远加多宝饮料有限公司 PET 项目	续建	项目占地 34465m^2，主要生产 PET 瓶装凉茶（500ml）	2014-2018
8	清远恒益包装有限公司	新建	占地面积约 110 亩，从事包装装潢印刷，主要生产加多宝配套包装制品等	2013-2017
9	佛冈涞嵊办公椅业有限公司	续建	占地面积约 15 亩，设计、生产、批发、零售、维修：家具、货物及技术进出口	2015-2017
10	广东华劲汽车零部件制造有限公司二期	续建	收购龙玮公司扩建，占地面积约 112 亩	2014-2018
11	清远南玻节能新材料有限公司二期	新建	新节能材料生产	2015-2020
12	龚仲勋五金厂	新建	用地 106 亩	2015-2017
13	友奥制冷有限公司二期	新建	用地面积 30 亩	2015-2016

　　结合"十三五"规划对佛冈工业发展的要求，本书建议佛冈工业发展遵循低碳减排、循环生态等工业生态化理念，鼓励生态友好型产业入驻，加强产业链建设，重点打造制冷设备制造业、电子化工及相关产业、食品加工业、纺织服装、汽车配件等产业集群，并将其布局至佛冈相应片区、城镇中去，形成相应的工业集聚区。如在龙山镇打造制冷设备制造业集群，在石角镇打造电子化工及相关产业，在迳头镇打造纺织服装集群等（图 5-15）。

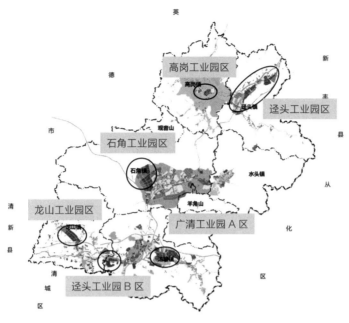

图 5-15　佛冈工业集聚区分布图

5.3.3　衔接国民经济发展规划，落实一批公共服务项目，实现服务均等化

《佛冈县国民经济和社会发展第十三个五年规划纲要》提出：

（1）大力发展生产性服务业。一是加快发展现代金融业，积极引进商业银行、证券、保险、信托、担保等金融机构设立分支机构或办事处；二是加快发展商贸物流业，积极发展建筑设计、文化创意、服务外包、信息服务、电子商务、物流配送等服务业，完善现代物流基础设施；三是加快发展研发设计等科技服务业，推进设计服务与装备制造业、消费品工业、建筑业、信息业、旅游业、农业和体育产业等重点领域融合发展；四是发展壮大检验检测认证等生产性服务业。

（2）大力发展生活性服务业。一是重点发展教育培训、医疗健康、信息服务、社会养老、休闲娱乐等新兴服务业，优化提升批发零售、住宿餐饮、家政服务、农村服务等传统服务业，推动生活性服务业向精细和高品质转变；二是合理引导住房消费需求，促进房地产市场平稳健康发展，推进房地产业与旅游度假区开发相结合，大力发展旅游房地产；三是合理规划房地产布局，形成以县城为主中心、汤塘－龙山为副中心、其他镇为补充的城镇格局。

同时，该规划提出以下公共服务类的重大项目，包括酒店、中小学、幼儿园、医院、体育馆、社会福利院、垃圾填埋场等类型（表5-6）。

佛冈县"十三五"规划重大项目汇总表（公共服务项目）　　表 5-6

序号	项目名称	建设阶段	建设规模	建设起止年限
1	禾田温泉酒店	续建	50.33 亩	2016-2020
2	勤天国际温泉酒店及配套项目	续建	约 100 万 m²	2014-2017
3	慧盈酒店	续建	450 亩	2016-2020
4	聚龙湖温泉酒店	续建	占地 150 亩	2012-2017
5	嘉鑫农贸市场项目	续建	1.5476 亿元	2010-2020
6	佛冈金谷投资置业有限公司	新建	780 亩	2016-2020
7	港深·世纪中心项目	新建	30 亩	2015-2019
8	汤塘省新型城镇化"2511"综合试点镇（含温泉小镇）	新建	城镇建设	2016-2020
9	新建佛冈县城北篁胜小学	新建	55.64 亩	2015-2016
10	新建佛冈县职业技术学校三八校区	新建	45.1 亩	2016-2018
11	佛冈县启智学校	新建	建设成为一所九年义务特殊教育学校，占地面积约 6529m²，9 个教学班	2015-2016
12	新建佛冈县城南小学（暂名）	新建	50 亩	2016-2019
13	新建佛冈县城南幼儿园（暂名）	新建	20 亩	2016-2019
14	新建佛冈县城东幼儿园（暂名）	新建	10 亩	2016-2019
15	佛冈县教育设施建设工程	新建	全县 37 宗，包括新建小学、教学楼、宿舍楼；校园设施修缮等	2015-2017
16	广州涉外学院汤塘校区	续建	400 亩	2016-2020
17	碧桂园小学	新建	50 亩	2016-2017
18	佛冈县中医院住院综合大楼	新建	建设楼高 9 层的住院综合大楼 8793m²	2016-2019
19	佛冈县妇幼保健院综合大楼建设工程	续建	建议大楼及附属配套工程。总建筑面积 13980m²。地下室 1 层，地上 10 层	2010-2017
20	迳头镇中心卫生院门诊住院综合大楼	续建	8031m²（六层门诊住院综合大楼 5859m²，四层宿舍楼 2172m²	2015-2017

续表

序号	项目名称	建设阶段	建设规模	建设起止年限
21	汤塘镇中心卫生院门诊住院综合大楼	新建	在原址上新建一幢六层高约5000m²的门诊住院综合大楼	2016-2018
22	石角镇卫生院门诊综合楼	续建	6层2900m²，绿环及相关配套设施	2015-2017
23	城北新区人民医院	新建	医院大楼建设	2016-2020
24	佛冈县体育馆	新建	总投资1.4亿元，占地50亩	2017-2019
25	佛冈县社会福利院项目	新建	福利院建设项目由房屋建筑、场地、建筑设备和基本装备（设施）构成。拟征地50亩，建筑面积5000m²，设置床位500张，总投资约5000万元	2015-2018
26	佛冈县公安消防大队新营房建设工程	新建	新营房综合大楼、中队执勤大楼及其他营房设施建设等，总建筑面积为7990m²	2016-2018
27	农产品检测中心	新建	农产品检测	2016-2020
28	社会治安高清视频监控系统二期	新建	新增建设295个高清治安视频监控点，10个治安卡口，2个红绿灯卡口电子警察路口	2016
29	佛冈县9条城乡主干道路灯建设项目	新建	工程范围：1.其中8条路全长约63.1km；安装9M单臂型(LED:120W)路灯：1280基杆；智能节能控制箱：27台；2.英佛路建设里程10.1km，安装10m双臂路灯基数199基，智能节能控制箱：5台	2016-2018
30	县残疾人康复中心	新建	5000m²	2016-2020
31	县城生活垃圾卫生填埋场二期工程	新建	生活垃圾日处理量300t	2016-2018
32	公共租赁房2号	续建	建设一幢保障性住房，采用框架结构，建设15层，总建设面积8550m²	2015-2016

续表

序号	项目名称	建设阶段	建设规模	建设起止年限
33	佛冈县村村通自来水工程建设项目	新建	完成全县村村通自来水工程建设，计划在2016—2018年全面解决我县农村人口的饮用自来水问题。（即行政村村通自来水覆盖率、农村自来水普及率、农村生活饮用水水质合格率等3个指标均达到90%以上）；建设规模为68538m³/d	2016-2018
34	人防设施工程	新建	县直机关人口疏散基地及现人防应急指挥所约700m²，人防机动指挥所，公益人防地下室约18000m²	2015-2018

本书结合《佛冈县国民经济和社会发展第十三个五年规划纲要》对服务业的发展指引及其提出的公共服务类重点项目，通过为不同聚落配置不同类型和水平的公共服务设施，完善系统化、等级化的设施服务，最终形成全覆盖、均等化的全域服务体系。

5.3.4 遵循全域覆盖、类型多元原则，构建全域旅游吸引物体系，为全域旅游发展规划提供指引

本书遵循"全域覆盖，类型多元，景点串联，空间有序"的旅游风景打造策略，通过梳理佛冈县的核心资源，以温泉资源为特色驱动，从景区（景点）、名镇名村、城市休闲、节庆活动、旅游廊道五个角度，构建如下旅游吸引物体系（图5-16）：

其中，龙头名片景区为"1+5"龙头大景区，即一张名片（汤塘国际温泉文化小镇），五个特色品牌（宗教禅修品牌——观音山王山寺旅游区，新农村品牌——龙南新农村旅游示范区，生态休闲度假品牌——田野绿世界，古村观光休闲品牌——上岳古村，古文化主题公园品牌——森波拉度假森林）。

A级景区（景点）体系如图5-17所示：

三大特色展馆包括加多宝企业博物馆、温泉博物馆、新农村建设展览馆。

乡村旅游方面，本书建议佛冈形成"三大分区，八大组团"乡村旅游格局（图5-18）。其中，三大区：北部乡悦区、中部乐活区、南部康养区；八大组团：高岗生态观光组团、烟岭河休闲农业组团、通天蜡烛泛户外组团、水头种植农业组团、

黄花泛户外组团、S354 民俗风情组团、上岳古村观光组团、龙南新农村组团。全域旅游发展规划可以此为基础进行优化调整。

　　同时，本书建议佛冈构建公共休闲要素体系。其中，休闲设施包括无线网络、通信（服务）、邮政（筒）、金融（ATM 机）、观景台、休闲座椅等旅游便民设施，休闲场所包括休闲街区、商务休闲区、城市公园绿地、休闲广场、博物馆、科普教育基地等地块，休闲空间包括滨水景观道、休闲栈道、城区绿道、乡村休闲绿地等，文体设施包括文化娱乐设施、体育设施等。全域旅游发展规划可在此基础上进行调整、深化，形成相应章节。

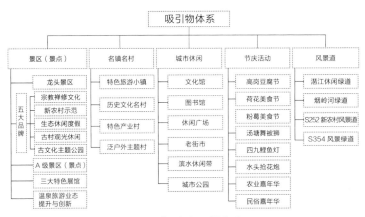

图 5-16　佛冈旅游吸引物体系图

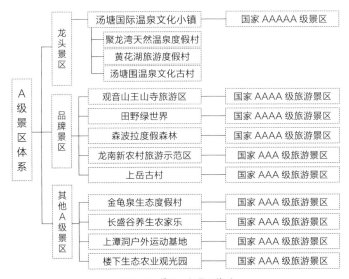

图 5-17　佛冈 A 级景区体系

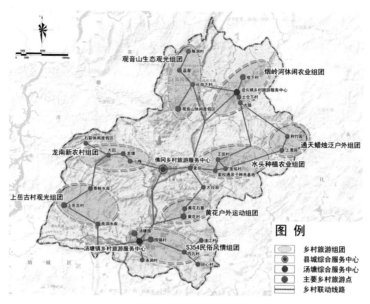

图 5-18 佛冈乡村旅游格局图

5.4 文化风景营造与部门规划衔接

本书提出要充分挖掘佛冈的观音山王山寺等历史文化资源以及高岗豆腐节、汤塘舞被狮等传统民俗活动的文化价值，通过弘扬佛家文化、定期举办地域文化盛会等方式，形成具有地域性、识别性、影响性的文化风景。因此，本书提出佛冈通过举办四大传统民俗节庆活动和五大旅游活动，弘扬佛冈文化、创新文化旅游活动。四大传统民俗节庆活动即高岗豆腐节、汤塘舞被狮、四九鲤鱼灯和水头抢花炮，五大旅游活动即荷花美食节、粉葛美食节、乡村旅游文化节、温泉旅游文化节和国际汽车拉力赛（表 5-7、图 5-19）。

佛冈主要节事活动列表   表 5-7

节事类型	节庆活动	时间	主要内容	举办地
传统民俗节庆	高岗豆腐节	每年农历正月十三	互掷豆腐，祈求新的一年风调雨顺、五谷丰登	社岗下
	汤塘舞被狮	每年的元宵节	由妇女自发组织的，以元宵上灯添丁祭祖为主要内容	围镇村
	四九鲤鱼灯	每年除夕	自编的以鱼类为原型的灯具，随着鼓乐的节奏，相互嬉戏和相互打斗的热闹场面	田心村

续表

节事类型	节庆活动	时间	主要内容	举办地
传统民俗节庆	水头抢花炮	每年农历正月初九	把有编号的铜环放入"地墩"。将铜环被射上高空，百姓争着捡抢，拾得铜环者，按编号赢得一尊花炮，众人迎回村中祠堂供奉	水头镇
旅游活动策划	荷花美食节	每年七八月	文艺表演（荷花主题舞蹈、瑜伽表演、荷花仙子Show等）、采摘活动（丰业葡萄园、鹰嘴桃基地、五丰园、大田龙南等）、佛冈土特产展销会	佛冈迳头楼下旅游区
	粉葛美食节	每年12月	参观粉葛专卖展位、现场粉葛雕刻艺术展、粉葛美食菜肴展示、品尝粉葛美食、粉葛种植基地参观、其他景点参观	聚龙湾天然温泉度假村
	乡村旅游文化节	除夕后一周	花海婚纱摄影、花海游戏、花海元宵灯谜、国学开讲、手工制作、农民趣味运动会、篮球赛、拔河比赛、漫漫的自行车、乡村美食汇、农产品展示	龙南新农村示范区
	温泉旅游文化节	每年11月	围绕"健康生活,全民参浴"的主题，以"感恩季"、"亲子季"、"养生季"三大系列优惠活动贯穿整个文化节；同时，结合互联网"微平台"进行线上线下全民互动，旨在将最大的优惠惠之于民，做到全民均可参"浴"，让广大网民和游客在泡汤过程中领略佛冈温泉文化的韵味	汤塘镇
	国际汽车拉力赛	每年12月（3天）	超级短道赛、颁奖酒会	佛冈县

同时，本书建议佛冈整合现有旅游节庆活动，积极创新，打造冬夏两季、民俗与农业两大嘉年华。佛冈的文化部门、旅游部门在编制部门规划时可以上述策划的民俗节庆和旅游活动为基础，进行优化、深化，形成相应专项规划。

5.5 线性空间与部门规划衔接

5.5.1 结合全县"快慢线"风景打造，为全域旅游发展规划的旅游线路组织提供指引

本书提出，结合佛冈县境内的高速路、国道、绿道、滃江等线形资源进行"全域风景化"快线和慢线组织，串联起全县主要的景观节点和景观区，形成覆盖全域的景观网络（第4章图4-23）。具体而言，快线形成全县的旅游环线，以京珠

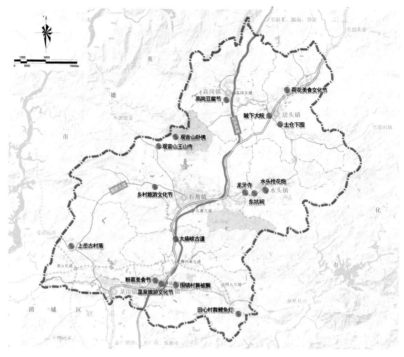

图 5-19　佛冈主要文化资源分布图

高速公路、106 国道及部分省道为主，在境内形成一个"8"字型的游览路线，串联起全县主要的名镇名村及风景区节点；慢线是绿道网的重要组成部分，串联起佛冈的核心景观资源，以展示山水特色为主。

全域旅游发展规划可以此为基础，构建相应的旅游公交专线（图 5-20）和主题旅游线路（图 5-21）。

此外，本书建议佛冈主要交通道路参考《佛冈县主要交通道路（汤塘段）美化工程》，遵循"因地制宜、因时而异、高中低配搭、春夏秋冬相宜，功能性与文化性相结合，大于笔与小尺度相结合"等设计原则，通过绿化设计、道路及设施修复完善、建筑美化与控制、环境卫生整治、设施小品设计、节点设计等详细设计，开展京珠高速公路、106 国道、252 省道、354 省道、292 省道等主要交通道路的美化工程，将主要交通道路沿线景观分为镇区段、村庄段和郊野段三种形式。最终形成连接全县的旅游环线。其中，镇区段重点展现城镇聚落风景，村庄段重点展现乡村聚落及乡村田园风景，郊野段则根据沿线特征展现山、水、林等自然风景。如将 G106（汤塘段）打造为景观层次丰富多样的综合型景观道——"汤塘画廊"；将 S354（汤塘段）打造为休闲舒适型的"乡村田园道"；将 X375（汤塘段）打造为体现自然山水之美的"山林野趣道"（图 5-22）。

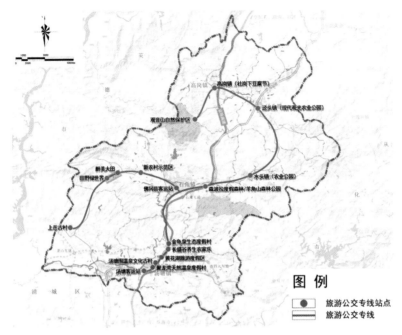

图 5-20　佛冈旅游公交专线示意图

图 5-21　佛冈旅游线路组织示意图

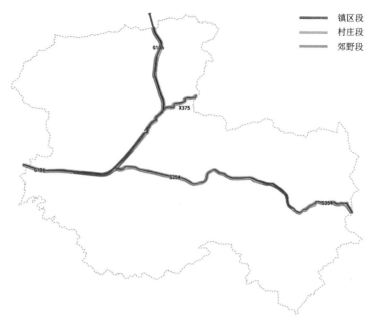

图 5-22   汤塘段主要交通道路整治措施示意图

5.5.2   结合"绿线"风景塑造，提出绿道建设导则，引导绿道网建设规划

本书参照珠三角绿道建设方式，并根据佛冈自身特点出发进行调整，将绿道建设分为三类：生态型区域绿道、郊野型区域绿道和城镇型区域绿道。

绿道网规划方面，本书结合佛冈县境内的景观资源及与清远市绿道网的对接，将佛冈县绿道网分为省立绿道（省立 6 号绿道支线）和佛冈县立绿道两种（第 4 章图 4-24）。

同时，本书选取省立绿道大庙峡段作为绿道建设的范例，在增设停车场、新设绿道、完善绿化、增加绿道标识系统、设置休息点等方面提出绿道建设导则，通过打造省立绿道和一批县立绿道，塑造"绿线"风景。

上述绿道建设导引可为绿道网建设规划在省立绿道、城市绿道规划布局、绿道类型分段控制导引（生态型、郊野型、城镇型）、绿道控制区及绿廊生态建设、慢行系统规划、户外活动中心和驿站设置等内容的规划提供进一步深入细化的框架（图 5-23）。

5.5.3   结合河流水系，打造生态河道，塑造"蓝线"风景

本书提出对潖江、潖二江、烟岭河、四九河、黄花湖、水库等河流水系进行

行洪排涝、堤岸改造、水系整治、水质保护、休闲观光、沿岸绿化等功能的统筹规划，建设生态河道，并建议将绿道和蓝道结合在一起，形成开放空间与水道相互联系的景观休闲体系（第 4 章图 4-26）。

图 5-23　佛冈县域绿道网线路、景观及服务设施布局示意图

第6章

总结：后发地区村镇实现"全域风景化"基本路径

6.1 "全域风景化"的基本思路

6.1.1 城乡功能实质的体现和融合

　　城市和乡村是两个具有不同功能内涵的空间存在。城市的由来及其主要目的在于安全防卫和集中贸易，其内在的价值体现在于提供综合高效的公共服务和提升经济集聚效率。无论古今中外，虽然伴随着各式各样的问题，但城市的发展均不同程度地经历了由小到大、由松散低效率到集聚高效益、由单一到综合的发展演变过程，不断体现和彰显着城市作为承载和集聚生产要素、提升人类生产技术水平的聚落能量。从某种程度上可以说，城市是以经济要素集聚和效益提升为导向的综合性功能空间。另外，乡村作为地球上另一个不同于城市的聚落形式，其核心功能并不在于高水平的经济要素集聚及其产出效益，而在于其环境供给能力的体现，主要体现在，其一，作为嵌入于，或从更大的空间范围着眼，是覆盖于城市聚落间的地域空间，乡村地区对于城市环境的涵养缓冲能力；其二，作为城乡生活所需农产品的主要来源地，其农产品生产所需要的生长和培育环境；其三，乡村地区作为拥有优良自然条件和生态环境的地区，是人类所追求的健康、闲暇、低碳生活的依托和载体，是人类休闲生活追求的居住理想地。由此，从城乡聚落的功能实质而言，"全域风景化"就是对其所研究的主体对象即乡村地区的功能实质的突出体现，同时又能够与城市聚落的功能形成协调的融合。

6.1.2 顺应新型城镇化的发展动态

　　"全域风景化"所要解决的核心问题是乡村地域的发展和资源环境的保护利用等问题，也就是说，其重点关注的是城市化地区以外的非城市化区域，而这部分区域也是我们在城市规划和日常建设实践当中所容易忽视的地区，或者是容易被模糊处理的地区。这也是造成非城市化地区发展动力不足、规划建设水平相对滞后的重要原因之一。而"全域风景化"就是要把目光转移到曾经被忽视的乡村地域空间，关注城市热点之外的其他地区的发展。但与此同时，正如城市之于区域一样，非城市化地区也并非孤立存在，尤其是在快速城市化进程和城市发展作为区域发展的核心推动力的宏观环境下，"全域风景化"所重点研究的乡村地域空间应当紧密结合新型城市化的发展方向和精神实质相结合，尤其是，作为重点关注广东省外围地区乡村地区发展的"全域风景化"而言，应当紧密结合广东省关于提高城市化发展水平的相关政策文件，珠三角核心城市如广州、深圳等在推动新型城市化、提高城市化发展质量等方面的动态趋势，粤东西北地区推进中心城区扩容提质的行动指引等方面的发展趋向，使得"全域风景化"所引导下的乡村地域发展理念能够与新型城市化的发展路径相互协调和有效衔接。

6.1.3　以风景打造为主导引领农村社会经济的全面转型

基于城市化的问题及其所面临的瓶颈，结合地区发展的优势特点和区域发展的趋势要求，"全域风景化"战略理念的着眼点将集中在对于生态、休闲等环境资源的利用和特色打造上，以风景打造为主导价值取向，以生态宜居、休闲旅游和绿色生产为主要承载平台，以风景观光旅游、生态型产业的培育为核心推动力，带动地区生态资源的综合开发利用，提升生态效益。重点加强城区周边乡村自然环境的生态化保护和人居环境的功能化改造，促进观光农业、民俗旅游、农家乐等乡村经济发展，延续乡土文化。

6.1.4　生态、生产和生活的互动和协调

"全域风景化"关注的不仅仅是作为风景打造的旅游资源的利用，而是面向于乡村地区生态环境、生活居住和生产就业的全方位关注。通过着眼于以生态环境资源的风景化打造，深层次挖掘乡村地域风景化建设与乡村自身生产、生活的内在关系，促进乡村生态、生产和生活的相互推动和提升，推动乡村实现生产发展、生活富裕、生态良好的可持续发展目标。

6.2　核心理念

6.2.1　全域要素的相异化和协调性

城市现代化建设的飞速发展给城市居民带来的各种困扰，城市人口的剧增，环境的拥挤、嘈杂、污染等不断冲击着城市居民的生活环境和居住质量。而乡村则能够较好地满足了人们对于自然生态和高品质生活环境的期求。对于某一区域（城市、县城等）而言，其乡村地域的主要魅力源自于其丰富的资源环境要素构成以及基于人们不同需求的生产及生活选择，因此，基于乡村资源特色的全域风景打造，应当结合农村不同的生产生活特色，发挥全域要素的多元化和相异化特征，着力于打造不同类型的景观环境空间，吸引具有不同需求的人来到农村旅游、居住、观赏和消费。同时，打造特定区域的全域风景，应在生产与生活、自然与人工、硬质空间与软性环境等方面保持区域风景的统一性和协调性，从整体协调的层面进一步突出并整合区域不同资源的相异化特色。

6.2.2　推动风景生产力，激发地方发展活力

农村的自然环境之美具有城市没有的风景优势，在特定的条件和环境营造下，乡村风景可以转变成一种强有力的生产力。把单一的种植业和养殖业等农业耕作

转向旅游业的全面开放——观赏、体验、销售等项目，是农民实现农产品和旅游产品双重收入的较好途径。农村景观生态游的系统开发与建设，可以提供部分就业岗位，可较好地转移农村剩余劳动力，带动农村的经济发展。农村旅游风景从功能上可涵盖为观光之地、休闲之地、教育之地、劳作之地、体验之地、休养之地、娱乐之地、健康之地等。乡村是城市人观赏农村生产生活之地、自然审美之地也是直接购买新鲜农产品的消费之地。在欧美发达国家，乡村旅游的收入普遍占整个旅游收入的 20% 左右。

同时，风景生产力应突破原有的旅游风景范畴。它不仅体现在风景旅游及其所带来的经济收益，而且还体现在以风景化打造的战略引导下，地域居住环境不断改善，生态型产业被催生并得以持续发展，提升了该地域的居住环境质量和产业综合竞争力，以不同方位的生产力推动风景效益的提升，不断增强乡村地域的特色性及其竞争力。

因此，多方位发挥农村的风景生产力，开辟和提供城乡交流的多种途径，打造农村风景的不同场所，多元化发展农村经济，是全域风景化打造的主导理念组成，它对于全域风景的实现及乡村区域多样化发展具有十分重要的意义。

6.2.3 全域空间风貌的整合和展现

"全域风景化"首先所要关注和研究的对象是全域空间。正如上所述，对于整个行政辖区范围而言，全域面向的是整个行政区划范围，是指整个行政辖区内的地域空间，如省域、市域、县域等；对于研究对象而言，其关注主体和核心内容是村镇地域空间，或者说是广阔的乡村地域空间。"全域风景化"的核心理念首要应体现在，作为研究对象的全域空间的实现，是整个面状范围的打造和体现，而不仅仅局限于若干点或是线条上，而是在整个地域空间中促成某种目标或愿景的实现。因此，作为核心理念之一，全域空间的塑造和目标实现是"全域风景化"所应当追求的重要目标和内容，并以全域空间的整体实现作为其路径打造的主要依据和理念引导。

6.3 发展目标

6.3.1 总体目标——打造全域风景的空间图景

"全域风景化"，是对以乡村地域空间为主体构成的村镇地区的战略思路和空间发展策略研究，旨在对村镇地区可持续健康发展，提出有关战略理念、策略应对、空间转型和实施保障等系列措施。

"全域风景化"力求解决的是，在新型城市化推进和区域发展的宏观背景下，面对资源利用粗放、城乡发展失衡、乡村发展动力不足等问题，如何通过更加文明友好、更加生态低碳的方式，缩小城乡发展差距，提升村镇发展动力，建设文明、整洁、富裕且可持续发展能力强的村镇，以更加积极、合理和有效的方式促进城乡协调发展。

在战略思路和核心理念的引导下，"全域风景化"的总体目标在于，营造一个生态宜人、安居乐业和富有吸引力的乡村地域生产-生活体系。这个地域空间体系，不同于我们所熟知或追崇的城市空间体系。它不仅仅拥有区别于城市的具备优良的生态涵养与自循环能力、得天独厚的休闲旅游资源环境，而且还能够通过挖掘自身的生态优势带动相关衍生产业的发展，促进地方经济发展和社会就业。简而言之，"全域风景化"所追求和引导的是，塑造一个适宜居住、就业创业和休闲旅游的风景地域图景。

6.3.2 目标分解——建设"宜游、宜业、宜居"的乡村风景

打造全域风景的空间图景的总体目标的实现，需要依托于构成研究对象本身及其发展目标的实现。基于"全域风景化"提出的宏观环境及其战略意图，结合其所力求解决的乡村经济发展动力，生态环境保护和合理利用，以及生活居住环境改造等三方面的问题，从生产就业、生态环境营造和生活居住条件三个角度，将"全域风景化"的总体目标进行分解归纳形成宜居、宜业和宜游三大分目标，即全域风景化的目标包括创造适宜居住的村镇居所、适宜就业创业的发展平台以及适宜休闲、旅游、度假的村镇生态风貌。

从三个分目标所关注的内容结构来看，"宜居"的目标实现主要是对于村庄居住环境的改善，解决的是"环境"的问题；"宜业"则是解决乡村产业发展尤其是乡村农业、生态工业和旅游业发展的问题，即解决"动力"的问题，"宜游"则是挖掘地区的自然、社会和文化特色，吸引本地和外来人口的旅游、休闲和度假，以提升地区经济活力，打造特色休闲度假环境，改善人居环境，即解决"文化"挖掘和资源利用的问题。

6.4 "全域风景化"的实现路径探索

6.4.1 全域风景的要素转向及相关指标评价

"全域风景化"是完整地域的空间转型和风景塑造过程。全域空间由不同的地物和空间实体通过不同的空间形式组合而成，因此，其空间改造是针对不同类型不同特征的空间实体进行不同程度的改造与转型，尤其是有关风景的包括自然、人文等要素，如山体林地、田园、村镇居民点以及生产活动等。通过对不同风景

空间实体的改造，引导其形成协调统一的均质风景图景，或通过若干不同组合而形成具有连续界面的全域风景地貌。

基于风景要素的构成体系，以及"全域风景化"所关注和应对的村镇地区生态、生活及生产等方面的问题，本书从自然、聚落、产业和文化四个不同的空间要素针对性地提出其不同的空间转型策略。

1. 自然风光化

（1）山水延绵化

山水包括山体林地水系等要素，是自然要素中的重要组成部分。山水既是风景要素的主体内容，也是自然—人文风景的重要背景构成，对风景的塑造及其形成具有极其重要的作用。作为大自然的杰作，山水最主要的魅力来自于它的自然、宏伟和连续性。对山林的保护及合理利用，应着重保持山体水系的完整性，并积极引导山水间的镶嵌融合。充分发挥山水所独具的天性，保留山水所原有的自然美，尤其注重展现或塑造其在风景构成中的连续性和延绵性，令山体呈现自然宏大之势，令水体现柔和蜿蜒之美，自然山水景观融合镶嵌，形成自然的、连续的、别具韵味的山林水涧风光（图6-1）。

图6-1　自然的、连续的、别具韵味的山林水涧风光

山体设计或保留当中，多样的地形地貌是景观设计必须思考的重点，其关键就是对景观美学特征及空间意境的地形进行分析、研究。

处理园区地形的方法：如果园区原有的地形条件良好，应围绕地形对景观进行设计，例如挡风时可用环抱的土山或人工土丘，按 "俗则屏之" 原则用起伏地形进行 "障景"，以土代墙的同时 "围而不障"，"障景" 之外还需 "隔景"，此时的景墙就需以起伏连绵的土山代替。土方的平衡是园区地形改造需重点注意的问题，需要结合挖池与堆山，开湖与造堤，四者相得益彰。采用半挖半填式方法对园区地形进行改造，可以达到事半功倍的效果[86]。

此外，农业地带中水体有几大类，一是包括水井、小水池在内的点状景观；二是溪流、瀑布类的线状景观；三是包括湖泊、池沼在内的面状景观。地带中的大型水体是空间构成的重要元素，多为湖泊、池沼、渊潭类的静态水体，同时对地形塑造也有一定作用，水景形式可带来良好的视觉冲击感。静态水体作为农业地带开放性的空间，更加适合开展划船、垂钓等水上娱乐活动。在自然水体设计方面应注意两点，一是充分发挥水的美观和实用功能，二要注意驳岸的材料选择。植物景观应与水体相互映衬。以湖塘为例，其多为静水状态，因此为突显水面的宽阔，应突出水岸背景林的营造。小型水体一般是地带中的动态水体，包括了溪涧、泉源、瀑布等在内，此类水景可以喷涌也可流动，在农业地带提供声音美的同时营造视觉焦点。

（2）田园景园化

田园是增添了人类耕作与生活情趣的半自然风景要素，应注重田园景象与自然山水景象的结合，展现了人的活动依附于自然山水、土地并融入于自然田野之中的和谐之美。田园风光具有其独特的景观属性，应注重保持田园风光的平面均质化，塑造田园风景其浑然天成的自然之美。此外，田园风光还具有别有情趣的人工之美，在保留田园风光原有的自然特色外，注重塑造田园中的人类活动体验，引导居民点或集合点的相对集聚并呈规律分布，并充分展现田园作为人们观赏休憩地的轻松、休闲、趣味以及修身养性的一面。运用生态景观营造手法，通过集合点、视线和活动等的策划，将广域的自然田园风光纳入到人的活动当中并能够让人充分感知其中，田园成为置身于其中的人们能够感受到的景园风光，充分挖掘和展现田园所能体现的人与自然的和谐融合之美（图 6-2）。

（3）道路景线化

尽管道路本身属人工要素组成，但道路自身作为一种景物，其在风景中的主要功能是道路能够为人们通向自然—人工风景发挥介质作用。除了修饰和打造道路景观界面形成道路沿线风景外，更重要的是通过道路沿线两侧的风景连续面的打造，形成一道道不同而有连续的风景线路，丰富人们对沿线景观的感受。作为风景线的道路，不仅仅是一种交通空间，更是一条条具有丰富视觉冲击和心理体验的风景驿道（图 6-3）。

图 6-2　挖掘和展现田园的人与自然和谐之美

图 6-3　具有丰富视觉冲击和心理体验的风景驿道

　　对自然要素进行重点指标体系构建，以明确自然风光化的打造要求。自然要素景观质量的评价主要从"结构 - 功能 - 价值"三方面入手。2002 年 NIJOS 农业景观指标会议将景观指标按照"结构（structure）—功能（function）—价值

（value）"的方式进行了分类（NIJOS，2002）。这种指标分类方式基于景观生态学的基本理论，景观的结构决定其功能，功能反过来又影响景观的结构。景观的结构也可以理解为景观的物理特征，是景观特征描述中考虑的内容；景观的功能可以认为是景观的 "健康" 状态；景观的价值则体现了人类感知与景观之间的相互作用，也是景观特征评价的重要内容。OECD（2001）在其农业环境指标中的景观类别中也对这种分类方法进行了论述。采用指标来对景观的这 3 个关键要素进行衡量，能够在体现景观状态的同时，了解人类活动（包括政策）对景观系统的影响。在实际运用中，景观结构指标常常与景观的功能和价值相联系而不独立指示景观质量，如景观多样性指数、生境斑块比例可指示生物多样性保护功能，景观中自然用地的比例可指示美学功能中的自然性等。

因此，在本次全域风景化研究课题中，针对自然要素构建的指标体系从 "结构（structure）—功能（function）—价值（value）" 的方面出发，对自然要素景观进行指标评价体系的构建，综合评估自然要素的景观结构，并进一步评价自然要素的景观功能、美学价值等，由此量化确定自然要素的景观质量（表 6-1）。

自然景观要素指标体系表　　　　　　　　　表 6-1

类别	次级分类	指标举例	其他指标 / 表示变量或数据获得方式
景观结构 / 物理特征	自然特征	自然地貌地表覆盖	地形、高程、坡度、地表起伏、NDVI/EVI 等植被指数、土壤类型、自然 / 半自然生境或生态系统占景观总面积的比例、形状指数、斑块密度、多样性指数
	景观空间格局	景观类型土地利用	土地类型、不同土地类型的破碎程度、景观多样性、景观异质性、边界类型、水体边界
	农业用地空间格局	农业用地类型	破碎程度、农业土地类型的多样性、农田形状、农田边界类型、农业用地中的线性元素、农业用地中的点状元素
景观功能 / 健康状况	生态系统服务功能	生产功能调节功能支持功能	作物产量、碳固定、水土保持功能、养分调节功能、生物多样性维持、入侵物种控制、景观管理
景观价值 / 美学文化	美学价值	开阔性、多样性丰富性、自然性、周期变化性、宁静性、对视觉干扰的吸收能力、管理水平	开阔性可通过低于人视线高度的景观比例表示，或通过可视域评价表示；多样性 / 丰富性可通过不同景观类型的比例、多样性指数、丰富度指数表示；自然性可通过自然景观类型的比例、分布表示；周期变化性可通过具有周期变化的景观的比例表示；管理水平可通过线性结构、农业用地、植被的整洁程度来反映
	游憩价值	游憩资源可达性	游憩资源数量、分布、面积、与道路的距离等

要实现上述的"自然风光化"，通过总结前述第 3 章国内外典型案例的成功经验，并结合要素指标体系中重要因子的考量，需要注重加强以下措施引导：

（1）基底保护——重视生态环境建设

各地乡村建设的成功经验表明，打造自然景观要素的最重要一点是对生态环境的保护。乡村生态环境作为乡村景观的基础，也是乡村的特色与优势所在。因此，各地均高度注重保护生态，重视生态环境的建设。

把环境保护、资源开发利用、自然生态系统维护与经济发展、产业布局、乡村建设等进行统筹协调，依据土地资源评价开发建设的适宜性，识别并保护乡村景观的整体山水格局，并着重保护核心的乡村景观生态资源[87]。保护乡村生态环境健康的本底，对农业污染进行防治，是发展"全域风景化"的基础。

（2）重点突出——突出地方景观特色

乡村局部自然景观要素的打造以人工建设与自然环境风貌保持和谐统一，不以牺牲环境为代价为原则。同时，乡村应坚持从实际出发，立足当地产业和资源环境，挖掘乡土自然景观的特色。不论是对乡土植物的运用，还是对自然地貌的保留，乡村应该找到当地最有特色的景观，并通过适当的建设途径将地方景观特色凸显出来。

（3）价值提升——延伸自然要素价值

以土地为核心资源的乡村自然环境能产生集经济、生态、社会于一体的多元价值，诸如景观、教育、健康、观光、休闲体验等，农业不仅是衣食来源，更是乡村独特的资源，田园生活的乐趣之源[88]。因此，挖掘乡村自然要素的生态价值、观赏价值与教育价值，彰显具有地域特色的自然景观，打造特色游览景点，推动乡村旅游和生态旅游的发展，是延伸自然要素价值的重要途径。

2. 聚落景致化

（1）城镇景区化

城镇是一种重要的聚落形式，也是研究对象主体中的有机组成部分。城镇是内嵌于广袤的乡村地域空间的要素集聚区和公共服务载体；同时，城镇也应当是全域风景的重要表现体，因此，作为全域风景组成要素的城镇聚落，除了要发挥其应有的集聚和服务职能外，还应当是风景的有效构成和重要点缀。由此，城镇作为乡村地域空间的空间形式，应按照景区化的理念进行打造。通过对城镇公共空间、特色街区、地标建筑、人文活动、交通组织等方面的引导，改造城镇面貌，美化城镇环境，使其既是当地居民生活的宜居地，也是吸引游客休闲驻足的度假区，促进城镇生活居住和休闲旅游的发展共赢（图 6-4）。

图 6-4　改造城镇面貌，美化城镇环境

（2）村容整洁化

农村是全域风景化所涵盖的乡村（村镇）地域空间的最主体的空间聚落形式，也是本课题需要去重点打造的空间聚落实体。村庄是村民日常生活居住的场所，也是人们能够体验风景、驻足停留的视线基点。村庄的风景塑造对于"全域风景化"的打造和实现具有至关重要的作用。村容涵盖了包括建筑和活动空间等环境在内的村庄面貌的统称，是村庄环境的主体组成部分，结合研究区域的特征及其村庄面貌中所普遍出现的环境问题，基于现实目标和实施可行性的考虑，针对村容环境提出整洁化的风景打造路径，从根本上解决村庄在传统印象中给予人们的"脏乱差"的环境弊病。在改造农村居住环境、营造良好的生活氛围的同时，给予置身其中的人们一种清爽、舒适、愉悦的心境。整洁化的实施推动主要依赖于村民自主行为和村组织的牵头带动，客观上要求村民在现有的建筑布局和空间环境格局下，清理和美化村居周边环境，以及村庄内部尤其是公共活动空间当中的活动环境（图 6-5）。

（3）村居协调化

村居是乡村聚落的主体构成要素。村居是村庄聚落的微观风景要素，而村庄的集聚和组织关系，则构成了村庄聚落的整体风貌特征和人工景观特色。追溯村镇聚落的演变沿袭，无论古今中外，均可以从中发现村庄聚落的构成均具有相当的同一性和协调性，即对于某一区域、某一种文化特征或某一种功能构成而言，

图6-5 改造农村居住环境、营造良好的生活氛围

村居的结构及建筑形式具有高度一致性。这不仅仅是一种基于文化或地域的认同感，而且是一种约定俗成的统一性，并最终体现出高度均值、协调连贯的聚落景观，没有任何的突兀、隔断或冲击，给予置身其中的人们的，是一种发自内心的基于协调延续性的舒适、轻松和愉悦感。对于村居的建设和改造，应该严格遵循统一性、协调性和延续性的建设准则，避免出现带有明显冲突性和突兀性的建筑形式，严禁破坏村居聚落原有的建筑肌理和空间整体性，从而塑造完整统一的村居群体和村庄聚落环境（图6-6）。

图 6-6　塑造完整统一的村居群体和村庄聚落环境

聚落要素的景观质量评价体系构建，结合"结构（structure）—功能（function）—价值（value）"的评价方式、挪威农业景观监测指标和进士五十八等（2008）根据日本乡土景观研究，提出的乡村景观应该具有的景观特征等研究，最终提出聚落要素指标体系表（表 6-2）。

聚落要素指标体系表　　　　　　　　　　　　　　　　　　　　　　　　表 6-2

类别	次级分类	指标举例	其他指标 / 表示变量或数据获得方式
景观结构 / 物理特征	人工结构	历史文化结构	文化遗产特征和遗迹的数量、关注类型的面积、占景观总面积的比例
		乡村居民点 / 建筑物	关注类型的面积、占景观总面积的比例、历史建筑的数量、斑块密度

类别	次级分类	指标举例	其他指标 / 表示变量或数据获得方式
景观价值 / 美学文化	文化 / 历史价值	历史文化结构	关注类型的面积、占景观总面积的比例
		有年代美的景观	景观的年代可通过历史资料、当地人知识以及科学手段测定获得 有年代美的景观的特征、数量、面积、未变化景观比例、保持原有格局景观的比例
	美学价值	文化遗产与历史建筑	特征的可视性、具有以当地材料为主的统一与协调的村落景观、具有历史性的遗产（生活文化的资产）

要实现上述的"聚落景致化"，通过总结前述第 3 章国内外典型案例的成功经验，并结合要素指标体系中重要因子的考量，需要注重加强以下措施引导：

（1）以市政配套为基础

依照聚落的集散程度合理布局市政基础设施，实现公共服务均等化，保障基础的现代生活必须。配备道路、电话、医疗卫生、能源供应、废水废弃物处理、互联网等基础设施，提供服务的同时保护聚落赖以生存的生态本底。

（2）以诗意栖居为目标

聚落的传承与维护离不开生活质量的保证与提升，任何违背生活质量提升的目标都不可持续，生活质量在有基本的基础设施保障的基础上主要需要提高生产力提升和居住环境两个方面，能创造财富，能留得住人，能留得住乡愁。

（3）以适度建设为底线

提升生活品质不等于可以无限剥削环境本底，聚落的规模需保持在合理的规模，以精品取胜代替以量取胜，在适度建设的情况下提升产品附加值，实现可持续发展。

（4）以创新利用为标杆

鼓励对特色建筑遗存、村镇格局、民俗文化等物质与非物质特色进行创新利用，保护与创新并重。以优秀的创新利用方式为标杆，引导聚落向高层次的文化高地、艺术高地、旅游高地等进化。

（5）以形态传承为承载

聚落本身不仅包含建筑单体、更重要的是聚落的生活方式与物质空间的关系，包括完整的生产过程、节事过程、宗教过程等，需要将物质空间与人的活动过程统一梳理记载传承，有利于后续的解读与创新。

3.产业生态化

（1）农业规模化

农业是"全域风景化"核心关注的乡村地域中最主要的产业发展形态。田地除了其被赋予的自然之美外，还具有生产之美，即来自于土地的生产功能和由此带来的利益（顾小玲，2011）。农业是区域实现"全域风景化"的基础和归属。农业的发展水平关乎农村经济发展的质量与形态，是农民生活条件的基础性保障，同时农业生产景观也是全域风景中最为典型和普遍的人文风景。从农业发展的现况问题以及其构成生产风景的普遍意义层面来看，农业生产需要空间集聚规模，并应力求在规模化生产的基础上形成精品化的农业营作。无论是基于目前的农业生产政策环境，还是未来可能走向的农业发展方向，农业生产将始终离不开产业化、规模化的经营路径，分产到户的生产模式基本走到了其历史使命的尽头，而规模化经营可以破除农业生产规模不足、经济效益不高、积极性不够、生产景观破碎等问题；而在打造农业规模化生产的同时，应注重农业发展的特色化和精品化经营，不同的农业发展体现相当程度的地域性风貌特征，如浙江安吉县依托大规模的竹海资源，利用竹子制作多样化的竹编工艺品，大力发展挖掘竹具加工业及其他相关产业。同时，通过特色发展和精品经营，能够大幅度提高农业发展的竞争力和经济效益。

农业规模化经营是以规模化为途径和手段，可主要从生产规模、特色经营、设施保障等方面进行具体落实，推动农业规模化生产的实现。

打造"产业布局区域化、产品生产标准化、产业经营规模化、生态环境无害化、农业保障体系化"的现代农业体系（图6-7）。

1）规模生产

推行"企业＋组织＋农户"、"企业＋农户"等多元模式带动规模化经营，改变原有小农经营的破碎化、分散化状况；通过规模化生产，打造广阔、统一、纯粹的地理景观，形成具有吸引力的农业风景空间，同时，有效提升农村农业生产效益和农民收入水平。

2）特色经营

通过因地制宜的农作物选择，种植富有当地特色及优势的农副产品，创造具有地方特色的农业景象。

3）精品带动

通过"精品"项目的带动，建成主导产业突出、布局集中连片、生产设施先进、产品特色鲜明、竞争优势明显、品牌效应强劲、经济效益领先的特色精品农业基地。并力求与乡村采摘游等结合在一起发展，走品牌化的道路，用都市产业的发展模式来发展乡村农业。

4）设施保障

要有设施保障首先进行土地整理和低产田改造等一系列农业基础设施建设项目，使农业基础设施不断完善，沟渠路连成一体，形成田成方、路成网、渠成行的格局，达到现代农业发展设施化、标准化的条件；推广各类农业循环经济发展模式，注重农业废弃物资源化循环利用，减少农业生产废弃物与垃圾。

图6-7　打造现代农业产业体系（一）

图 6-7　打造现代农业产业体系（二）

经研究和借鉴，农业规模化景观资源质量指标评价体系应具备以下特点：

1）整体性

自然景观的美与整体性密不可分，整体性强调自然景观资源元素间的关系，如各元素间协调搭配形成节奏和韵律感，硕果累累，层层密林，蜿蜒流水给人以反复交错之美，整体性适用于自然景观的基础评价。

2）特色性

由地质地貌及成因所构成的自然景观对游客有吸引力的。农业地带中不同的地形条件可以塑造不同的景观类型，如依低挖湖，据高堆山或平整土地成为园内观光特色，所以特色性应是评价指标。

3）美景度

美景度就是景观优美的程度，是人们对风景区景观资源的感知，在景源质量评价中起到重要的作用。动物的形态、绚丽的色彩、悦耳的声响、五颜六色的植物以及吉祥的寓意都可以为园区增加美观性。

4）环境质量

环境质量是指空气质量、水体质量以及土壤质量。环境质量与生物的生活好坏密切相关，因此环境质量可选为农业地带景观资源评价指标。

5）生态状况

动植物景观质量与和环境质量、生态状况密切相关。生态状况越好生物景观越丰富，因此生态状况可选为农业地带景观资源评价指标（表6-3）。

农业规模化景观质量评价体系　　　　　　　　　　　表6-3

因子评价层	含义	权重
美景度	景观优美的程度	0.14
特色性	景点或景区的特色	0.14
整体性	景观的完整和统一性	0.08
环境质量	环境未被污染的程度	0.15
生态状况	生物丰富度和植被覆盖度	0.17
环境耐受力	环境承受人为活动的能力	0.14
环境容量	环境能容纳的旅游者数量	0.13

（2）工业生态化

改革开放以来随着工业化的推进，尤其是20世纪90年代之后以乡村工业化为主要推动力的城镇化的快速发展，以工业为主导力量的第二产业在乡村地区快速发展和布局，尽管这种态势并不均匀，在落后地区也并不普遍，但无可否认的是，它已经成为改变乡村产业形态和空间格局的主要力量来源。最为典型的例子便是20世纪90年代时期苏南地区以村镇政府力量为主导的工业发展，极大地改变了乡村发展的面貌，使得大部分村庄走上了以若干产业或产业链为主导的城镇化或半城镇化发展道路，显著的提升了地区经济社会发展水平。但与此同时，其中也越来越显现出不少的问题和弊端，如工厂遍地开花，村村冒烟，生态环境污染，生产效率不高，资源浪费等突出问题。

当前，在经历城市镇化和乡村工业化的规模扩张之后，走科学文明的发展道路和倡导新型城市化发展模式成为时代发展的主线，中共十八大报告中也明确提出了要走生态文明、城乡一体的发展道路。在大的发展环境中，农村工业的发展不应再走以前的以资源换资金、以土地换效益、以污染换发展的粗放式的老路，而应该在生态文明的科学道路引领下，倡导适合于乡村地区资源条件和功能特色的新型发展模式，走低碳化、低耗化、生态化的发展道路，积极引进战略性新兴生态产业、清洁能源产业、生物制药、创意产业等类型的产业，在保持乡村地区环境优势的基础上，促进资源条件和产业发展的有效结合，同时，尽可能地引导产业景观与乡村自然资源景观的有机融合，达到地域资源、社会、经济和环境的协调统一和健康持续发展。

构建"产业结构优化、产业链完备、能源资源消耗减量化和再利用"的绿色工业体系。要努力形成同传统工业文明的大量生产、大量消费、大量废弃、大量占用自然空间不同的经济结构、社会结构和发展方式，创造空气清新、河流清澈、景观优美的工业园区。构建绿色工业体系是走新型工业化道路的突破口，建设资源节约型、环境友好型社会是经济社会发展的必然选择。

空间集约，产业集群，低碳减排，循环生态

1）产业集群

在符合产业布局的前提下安排招商引资项目落户，积极引导同类产业、上下游产业形成空间集聚，以集中促集约发展，逐渐形成产业集群；与当地农业产品相结合，创造工农一体的产业格局。

2）空间集约

集约利用土地资源，提高土地利用率，优化用地结构，积极引导和鼓励企业优先开发利用空闲、废弃、闲置和低效利用的土地，大力推行多层标准厂房建设，减少土地浪费。

3）低碳减排

一方面，要严把项目入园关，杜绝高污染、高能耗及国家禁止类或限制类企业入园；另一方面，加强全过程节约管理，大幅降低能源、水的消耗强度，减少碳排放，提高利用效率和效益；第三，加强污水、废气的排放管理，减少排量，避免直接排入大气、河流。

4）循环生态

积极走资源—产品—再生资源—再生产品的循环经济模式，实现资源的循环高效利用，打造生态友好的工业体系（图 6-8）。

在产业生态化的评价体系中，其中对于工业园区低碳发展水平的评估较为客观真实，同时也需要一套科学的理论、评估方法和考核标准，其既能够反映园区低碳发展现状，又能反映园区向低碳转型的努力程度，帮助园区了解其低碳发展的现状与差距，找出优势与劣势，借鉴先进园区成功经验，进而推动工业园区低碳转型进程[89]。

低碳发展相关评价内容主要包括园区在碳排放约束下的低碳产出体系、低碳资源体系、低碳生活指标（表 6-4）。

图6-8 打造生态友好的工业体系

低碳工业园的评价指标体系　　　　　　　　　　　　　表 6-4

目标层	体系层	指标层	单位
低碳工业园区发展	低碳产出体系	碳强度	吨碳 / 万元
		第三产业占 GDP 比重	%
		单位工业增加值碳排放	吨碳 / 万元
		单位土地面积碳排放	吨碳 / 平方
	低碳资源体系	水资源利用强度	吨 / 万元
		森林覆盖率	%
		建成区人均绿色面积	m² / 人
		可再生能源比例	%
	低碳生活指标	新建绿色建筑	%
		绿色出行比例	%
		污水处理达标率	%
		废弃物利用率	%
		万人拥有公交车数	辆 / 万人

以上建立的指标体系是对园区低碳发展现状进行评估，共三大类，分三个层面确保评价体系的一致性，考虑到园区的不同地域差别及自评估的需要，在使用过程中可以根据园区发展的实际情况进行调整。

（3）低碳园区评价指标

从土地利用、低碳产业、低碳能源、低碳建筑、低碳交通、低碳政策等方面，提出了低碳工业园的实现途径；并建立一套针对工业园区低碳规划的评价指标体系，用以指导和评价低碳工业园区规划的实施（图 6-9）。

（4）旅游广域化

21 世纪将是属于旅游闲暇的世纪。旅游休闲将越来越成为人们生活不可或缺的组成部分。随着城市化的推进和城市生活节奏的不断加快，人们对于休闲宁静的生活环境的向往将日益增强，乡村旅游将在未来的旅游发展格局中扮演越来越重要的角色，尤其是紧邻于特大城市、具有广阔客源市场的大都市区外围村镇地区而言，更加面临着巨大的发展机遇和潜力。打造面对广阔的村镇地域的"全域风景化"，旅游发展将成为全域风景打造的主要动力源泉；而且，"全域风景化"地区，必然是集合多种旅游资源要素、具有不同类型旅游特色的区域。对于全域风景的打造和实现，将需要充分挖掘整个地域的资源优势和潜力，对不同条件和特色的资源进行充分提取并进行相应的分类、组织和融合，形成广域化、多元化、组合式的旅游空间格局，推动旅游发展在全域空间的实现。

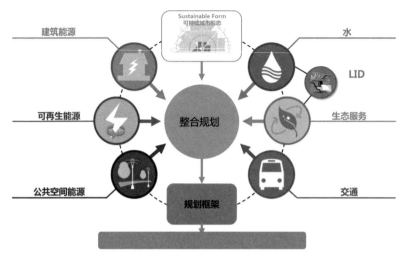

图 6-9 低碳园区评价指标示意图

全域覆盖，类型多元，景点串联，空间有序

1）全域覆盖

将全域作为旅游业发展的基础来对待，整合分散的单一景点资源，将城乡各景点综合改造，建设起县域旅游综合体，形成了独具特色的"全域旅游"经济（图 6-10）。

2）类型多元

挖掘多元化的旅游产品，创造富有活力的旅游体系，依据当地资源特点，大力发展山游、水游、城游、乡游等传统旅游项目，尝试发展访古游、红色游、文化游、食品游等特色旅游项目，形成强烈的旅游吸引力。

3）景点串联

建设网状、高效、优质的景点串联交通体系，加强全域风景的可视性与可达性。

4）空间有序

通过分区引导，使各类旅游景点成"片"；通过线路串联，使各类旅游片区成"链"；通过全面覆盖，使串珠状的旅游空间体系成"群"，形成有序、有趣的全域旅游格局。

（5）服务均等化

服务泛指第三产业，是指农业、工业等实体型产业以外的并为其提供生产及生活服务的行业的集合。服务业具有非实物性、不可储存性和生产与消费同时性等特征。服务业对整个城乡地域景观空间的形成具有重要的支撑性作用，服务业的覆盖和影响范围，在一定程度上将直接影响地域景观的形成及其状态，其与全

图 6-10　独具特色的"全域旅游"经济

域风景的构成是相辅相成的。对于服务业而言，首要的是应当着重加强服务覆盖范围的广度和深度，使其延伸并覆盖到整个地域范围，通过完善系统化、等级化的设施服务，最终形成广域范围内全覆盖的、均等化的全域服务体系。

服务均等化的均等可体现在不同的聚落空间和不同的服务形式分布上。城市和乡村作为全域的聚落组成，具有不同的空间性质特征和服务需求，均等化应该实现服务设施对于城乡聚落的全覆盖，并根据不同的聚落规模、特点和要求，配置不同类型和水平的公共服务及公用设施，使得服务设施能够在全域空间形成均等性的覆盖和服务，为全域风景化的实现提供有力支持和联系。

4. 文化本土化

景观若是没有文化内涵，便如同躯体没有了灵魂，没有文化的景观只能浮于表面，没有味道。因此，应充分挖掘当地的历史人文、宗教文化、民族文化、生活习俗甚至饮食文化等[90]。这些地方文化一旦与景观建造相结合，营造出来的景观会更添神韵（表 6-5）。

文化资源包括当地的历史名人、历史事件、民间传说、民风民俗等，文化展示，通过展示传统文化及宣传，可以增长游人知识，加强人们对文化可持续发展的认识，产生极大的社会效益。

文化资源评价指标构成体系　　　　　　　　　　表 6-5

大类	中类	评价标准	权重
文化景观资源构成要素	人文非物质景观资源	文化价值	0.17
		科学价值	0.09
		艺术价值	0.09
		参与性	0.22
	人文硬物质景观资源	安全性	0.24
		适宜性	0.08
		人性化	0.12

挖掘地域文化资源，保护地方民俗，继承历史文脉，提升园区文化内涵可以从以下几方面考虑。

（1）使用乡土材料创造乡土文化氛围

天然石材、生土、植物纤维、木材及制品是生活中容易加工制作的自然材料，这些自然材料的最大特点就在于纯天然的美感，色彩、质感平和而亲切，朴实而厚重，与人们的生活息息相关。

（2）通过举办旅游活动或再现环境情景继承和传扬民俗文化

人们世代传承的传统文化的具体表现形式就是形式多样、内容丰富的民俗文化，既有鲜明的地方特色也有丰富的艺术魅力，是广大劳动人民智慧的结晶。正是由于这些显著特点，民俗文化能够受到游客的普遍欢迎。

（3）借助当地历史名人、历史事件和民间传说赋予场所一定的文化性

历史名人、历史事件和民间传说是种独特的文化现象，开发和利用好这些宝贵的文化资源，能够很直观地满足游客的视觉享受和缅怀历史的情怀，行发怀古之情、思古之幽的精神追求，具有很高的旅游观光价值，可以提升地区的旅游资源品位，为地区注入了新的活力。

（4）保留具有历史价值的符号还原当时的历史片段

可以直接在园中放置一些当地人日常使用的农用工具、日常生活器具、工艺制品等，让游客参观、参与，身临其境，如水磨、水井、石磨、饭箕、织布机水车、打稻机、草莚篮、暖谷爬等传统农业用具。也可以采用楹联题词、景点命名、路牌标识等方式，运用朴实的语言和文字渲染当地文化。

（5）人文物质景观营造

人文物质景观与安全性。行走安全是游客各项活动的首要关注问题，因此营造景观最先应该考虑地面的安全性。地面铺装多种材料，铺装材料多选择防滑、防冻、防水、耐磨且排水良好的材料，需要注意的是水域空间中防滑材料的使用

尤为重要。增强儿童游戏活动的安全性，青少年儿童是农业观光中重要的客源，因此，儿童游戏设施是吸引游客的重要环境设施。对游戏器械的选择应既具备安全性，又兼顾舒适性与美观。

人文物质景观与适宜性。合理规划游赏体系，游赏体系规划应该充分考虑游线组织和园区功能分区的规划，在整体规划阶段制定丰富的游线网络，组织景观空间序列、加强各功能分区之间的关联，引导游客欣赏不一样的景观风貌。

在建筑造型方面，比较关键的一个建设因素是要体现乡土气息，也就是说风格要与周围环境融合；建筑风格在体现乡土气息与浓郁的地方特色的同时也要结合地带的主题、规模和主要功能等；最好使用当地的自然材料如田间石材、木材等作为建筑材料，在节省资金投入的同时加强与周围环境的联系，建筑材料的色彩、肌理上与自然环境的协调能够体现浓厚的地方色彩。

景观营造与人性化。农业地带的人性化主要体现在两方面，一是物理环境如光照、气味、声音的舒适感，二是使用各类设施如服务设施、活动设施与休息设施的方便舒适性。如需体现地区的人性化，首先要对物理环境的舒适感进行营造。良好的日照环境可以通过灵活组织外部空间来实现，开放性区域布置需要良好日照的场地，此类场地多为人们参与各项活动的区域。人体力学、休息习惯等因素是分析休息设施方便舒适性的重要因素，因此休息设施的尺度、材质和色彩、布置方式与位置选择是使得人们乐意使用的主要考虑因素。

1）人文软质景源质量

文化价值：本书主要研究传统人文非物质景观资源，它是在人类社会发展过程中形成的，是历史存留的印记，是文化的积淀，具有深厚的文化内涵。

科学价值：农业地带中的各类景观建筑、民俗民风、乡村古迹、风物物产等人文非物质景观资源非常丰富多彩，这些都具有很高的科学研究价值，是人们了解人文科普知识的重要场所。

艺术价值："艺术"是一种很重要、很普遍的文化形式，有着非常复杂而丰富的内涵，艺术价值是很重要的精神价值，其客观作用在于改善、调节、丰富和发展人们的精神生活，提高人们的文化素养。

2）人文硬质景源质量

安全性：安全性是人们生存的首要条件，没有安全性就谈不到其他方面的特征。安全性的本质就是防止事故的发生。

适宜性：本书中提到的适宜性即指各种旅游设施、农事活动等的设计思路、规划策略等与特定景区的自然地理条件、旅游发展水平和景观资源特征相适宜，从而使景区服务具有较强的针对性、实用性和可操作性。

人性化：随机性、自由性和灵活性是人性最本质的特征。设施的人性化服务是指以人的行为活动、视听觉感受与心理感受为依据创造出个性的自由的空间，这些能够满足不同层次需求的服务设施能够向游客们提供自由、开放的空间，人与人、人与社会的交流也更加密切，即使城市生活再紧张劳累，也能在地带里放松心情，享受贴心的服务。

1）突出地域性

文化是一个地区历史演进的积淀和传承，体现了特定地域的经济特征和社会风俗。文化在全域风景打造当中将扮演着重要的软环境角色，而且将可能成地区经济社会发展的催化剂或动力源。在打造全域风景当中，注重突出文化的地域特色，挖掘文化的地域元素，积极发掘和宣扬文化背后所体现的地域性格特点，使其成为该地域的代名词和形象名片，提升其文化的地域独特性（图6-11）。

图6-11 不同地域展现不同的建筑符号和文化特色

2）强化识别性

文化作为一种客观存在的人类活动形态，有不同的发展或展现形式，总体而言可以分为显性和隐性两种类型。显性的文化形态容易为人们所看到或感知，具有较强的外部特征，对于此类文化形态，需要对其进行包装、营销和宣扬，融入现代的表现形式和手法，使其更能够为现代生活或观念所接受，并由此提升其识别性。对于隐性的文化形态，需要充分研究该类型文化形态背后的文化内涵，并对其进行合理的提取、展现和传导，使其成为人们可以直接感知文化形态，并继续传承及发扬光大。诚然，文化识别性更主要的是需要深入了解当地的社会文化，充分吸收当地居民的意愿和建议，延续其原本的文化特性（图6-12）。

图6-12 鲜明的文化元素提升强化了文化的识别性

3）扩大影响力

作为打造全域风景的有机组成要素，文化除了需要充分挖掘和展现，提升文化的识别性和地域符号特征外，更需要去积极营销和推广，扩大其影响范围。通过组织各种文化推广活动，适当扩大文化活动的规模或范围，让更多的国家、地区或区域能够参与到文化营销当中，了解并感知到地域文化，实现在更大范围和更广人群当中的传播和认知（图 6-13）。

图 6-13　不同国家和地区建筑所代表的文化符号

5. 线型要素突出联动性

（1）对线型要素风景化的理解

主要内容：不仅包括线型路径本身所形成的景观，也包括沿线两侧的自然景观和人文景观，以及自身与景观点的耦合关系，是路径与其周边景观的具有功能性、实用性、观赏性与艺术性的综合景观体系。

功能定位：连接并通往各风景点，符合使用者的审美要求并为其提供符合生理、心理需求的服务设施、旅游交通标志的道路，以及城市间、城市与风景区之间，符合人们游憩活动要求且整体美观、管理有序的快慢行系统[91]。

标志特征：

① 具有一定的技术标准：对资源点必要的通达深度和里程长度；

② 具有较高的环保要求：通过、串联生态环境敏感区（城乡居民点、风景名胜区、自然保护区、文物遗址保护区等）；

③ 具有较高的景观要求：沿途用地类型复杂，景观类型多样；

④ 具有特定的旅游价值，对沿线经济发展和区域旅游开发有一定的促进作用，为人们提供了休闲、娱乐、度假、观光的良好场所。

（2）线型要素风景化指标构建

线型风景化评价包括三个方面（表 6-6、图 6-14）：线型要素自身景观、线型要素两侧景观（自然景观与人文景观）以及线型联结系统构建：线型要素自身景观是指要素自身的景观状况，包括绿化、边坡、桥梁隧道、交通安全设施等因素；线型要素两侧的自然景观是指线型所在区域的自然本底景观状况，包括地形地貌、植被、水体、等因素，线型要素两侧的人文景观是指线型所在区域已渗入了人类文化的景观状况，包括虚拟景观、具象景观、线型道路建设影响等因素；线型连接系统是指线型要素对风景点要素的连接度和串联度。

其中，线型要素自身景观和线型要素两侧景观（自然景观与人文景观）为线型要素的独立性指标体系，线型联结系统为关联性指标体系。

图 6-14 所示美国 66 号公路，是一具有代表性的线型要素，其自身景观、两侧自然景观的塑造与串联都有很好的借鉴意义。

要素风景化独立性指标体系构建（括号数值为权重）[①]   表 6-6

目标层	准则层及子准则层		指标层
线型自身景观 （0.109）	绿化 （0.399）	中央分隔带 （0.50）	绿化功能性（0.25）
			绿化美感度（0.75）
		路侧余宽 （0.50）	绿化美感度（1.00）
	边坡（0.168）		边坡与地貌的融合度（0.75）
			边坡防护形式美感度（0.25）
	桥梁、隧道（0.068）		优美度（0.142）
			特色性（0.429）
			与环境的协调程度（0.429）
	交通安全设施（0.199）		设施完备度（0.167）
			与环境的协调程度（0.833）
	其他设施（0.166）		设施完备度（0.09）
			特色性（0.455）
			与环境的协调程度（0.085）
线型两侧自然 景观 （0.582）	地形、地貌（0.333）		自然度（0.09）
			丰富度（0.455）
			奇特度（0.455）
	植被（0.333）		自然度（0.085）
			观赏度（0.273）

---

① 评价体系参考《旅游公路景观评价研究》，长安大学硕士学位论文。

续表

目标层	准则层及子准则层		指标层
线型两侧自然景观（0.582）	植被（0.333）		丰富度（0.273）
			珍稀度（0.273）
			覆盖率（0.085）
	水体（0.333）		观赏度（0.391）
			丰富度（0.391）
			水质状况（0.151）
			与线型要素的距离（0.067）
线型两侧人文景观（0.309）	虚拟景观（0.188）		丰富度（0.50）
			历史文化科学艺术价值（0.50）
	具象景观（0.731）	居民点景观（0.333）	美感度（0.50）
			建筑特色（0.50）
		风景名胜区景观（0.333）	景区数量规模（0.50）
			景区影响力（0.50）
		其他具象景观（0.333）	美感度（0.25）
			与环境的协调程度（0.75）
	道路建设影响（0.081）		公众关注度（0.09）
			破坏度（0.455）
			易恢复性（0.455）

图 6-14　美国 66 号公路两侧自然景观

　　由于线型要素与前文所述的四大类点状要素之间存在着耦合、互动关系，同时线型要素对点状要素的连接、串联度强弱也直接关系到全域风景化建设效果的好坏，因此，为了揭示它们之间发展的耦合强度与关联协调程度，对线型要素与点状要素的关联指标进行筛选，构建线型要素风景化的关联性指标体系（图 6-15）。

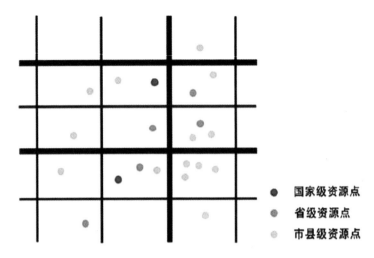

图6-15　线型要素与点状要素的布局示意图

具体做法：针对线型要素的涵义及特点，按照普通线型要素特征（X_1）、风景化线型要素特征（X_2）两方面构造线型要素的综合序参量，点状要素指标从旅游资源价值（Y_1）、区位特性（Y_2）、开发条件（Y_3）、资源规模（Y_4）、客源市场（Y_5）五要素出发来构建关联性指标体系（表6-7、图6-16）。

线型要素风景化关联性指标体系构建[①]　　　　　　　　　表6-7

一级指标	二级指标	三级指标
线型要素系统 X	普通线型指标 X_1	线型要素等级 X_{11}
		线型要素密度 X_{12}
		迂回率 X_{13}
	风景化线型指标 X_2	点状要素连通度 X_{21}
		点状要素可达性 X_{22}
		线型要素景观 X_{23}
		与主要线型要素衔接的时间 X_{24}
点状要素系统 Y	资源价值 Y_1	点状要素资源品质 Y_{11}
		点状要素资源特色 Y_{12}
	区位特性 Y_2	地理位置 Y_{21}
		交通可达性 Y_{22}

① 评价体系参考《基于旅游资源学视角的旅游公路网布局理论与方法研究》，长安大学博士学位论文。

续表

一级指标	二级指标	三级指标
点状要素系统 Y	开发条件 Y_3	点状要素资源开发程度 Y_{31}
		区域经济发展水平 Y_{32}
		用地条件 Y_{33}
		服务设施完备率 Y_{34}
		环境治理 Y_{35}
	资源规模 Y_4	点状要素资源聚集度 Y_{41}
		点状要素环境容量 Y_{42}
	客源市场 Y_5	知名度 Y_{51}
		年适游期 Y_{52}

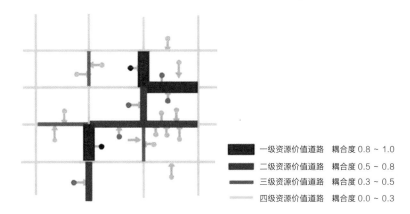

　一级资源价值道路　耦合度 0.8 ~ 1.0
　二级资源价值道路　耦合度 0.5 ~ 0.8
　三级资源价值道路　耦合度 0.3 ~ 0.5
　四级资源价值道路　耦合度 0.0 ~ 0.3

图 6-16　线型要素资源价值等级示意图

X_{ij} 与 Y_{ij} 之间耦合度值 $C \in (0, 1)$：

当 $C=0$ 时，耦合度极小，系统之间或系统内部要素之间处于无关状态，线型联结系统价值很低，将向无序状态发展，整个系统呈现负涌现；

当 $0<C \leqslant 0.3$ 时，线型要素系统与点状要素系统之间的发展处于较低水平的耦合阶段，此时线型要素服务水平较低，发展处于萌芽状态，区域内线型要素与点状要素不平衡凸显出来；

当 $0.3<C \leqslant 0.5$ 时，该阶段线型要素处于发展的初期阶段（线型要素对点状要素的影响开始显现），在线型要素成长快速发展时期，它的发展需要大量的资金、资源和人群转移为支撑，点状要素的价值和空间布局在线型要素建设决策中占统治地位；

当 0.5<C≤0.8 时，线型要素系统与点状要素系统的发展进入磨合阶段，点状要素组合呈现多核心结构特征，此时线型要素处于稳定发展阶段，线型要素的网络结构与配套设施完善，线型要素系统与点状要素系统开始良性耦合；

当 0.8<C<1.0 时，线型要素发处于成熟阶段，其服务水平决定了点状要素的核心竞争力，线型要素系统与点状要素系统相得益彰、互相促进，共同步入高水平耦合阶段；

当 C=1 时，耦合度最大，线型要素系统与点状要素系统之间达到良性共振耦合，线型联结系统强度将达到最大价值，整个系统实现良性涌现。

以海南岛为例进行线型要素风景化关联性指标分析可知（表 6-8、图 6-17）：2005 年至 2010 年，海南省线型要素网络与点状要素资源的平均耦合度在 0.66 左右，并呈现逐年上升的趋势，表明线型要素网络与点状要素资源之间的耦合程度较好，属于中上等水平，随着政府一系列政策的出台和实施，线型要素网络与点状要素资源向着耦合协调方向发展，呈现出了良好的发展态势。

线型要素与点状要素资源各指标平均关联系数表——以海南岛为例[①]　　　　表 6-8

	X_{11}	X_{12}	X_{13}	X_{21}	X_{22}	X_{23}	X_{24}
Y_{11}	0.884	0.576	0.721	0.693	0.932	0.801	0.693
Y_{12}	0.791	0.564	0.715	0.763	0.843	0.841	0.647
Y_{21}	0.622	0.660	0.783	0.774	0.802	0.545	0.753
Y_{22}	0.702	0.732	0.537	0.629	0.976	0.621	0.798
Y_{31}	0.767	0.709	0.744	0.689	0.866	0.575	0.635
Y_{32}	0.669	0.715	0.490	0.593	0.627	0.454	0.577
Y_{33}	0.455	0.494	0.693	0.713	0.678	0.449	0.452
Y_{34}	0.488	0.492	0.459	0.535	0.0610	0.471	0.520
Y_{35}	0.492	0.465	0.501	0.534	0.586	0.722	0.456
Y_{41}	0.567	0.841	0.728	0.790	0.754	0.762	0.525
Y_{42}	0.564	0.632	0.444	0.482	0.637	0.455	0.48
Y_{51}	0.726	0.538	0.679	0.679	0.815	0.704	0.702
Y_{52}	0.688	0.612	0.547	0.461	0.710	0.628	0.539

---

① 数据来源《基于旅游资源学视角的旅游公路网布局理论与方法研究》。

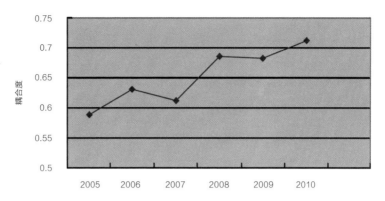

图 6-17　海南岛线型要素与点状要素资源耦合变化曲线图（2005-2010）

6.4.2　"全域风景化"空间实现路径探索

对于"全域风景化"的空间打造和路径实现，需要从其本身的空间要求和风景特性进行考虑，本书认为，总体而言，全域风景的打造需要注重并体现其整体性、均质性、联结性和连续性四个方面，即全域风景的塑造注重其整体图景的实现，注重全域要素的均质化特质及其广域效果，注重体现风景要素之间的联系性，以及注重对风景连续界面的打造。为体现以上打造思路和空间特性，需要辅以一定的空间手段。基于几何学和系统学的一般空间形式，结合风景塑造的特性及要求，通过点状、线状、片区以及网络化等空间手段，即"点、线、面及网络化"，探索实现系统要素的均质分布、有机关联和整体呈现。

其中，点是全域范围内能够具体感知的个体，是全域风景和线条网络的基本组成单元；线是指由若干要素串联起来的线条形成一个紧密连接的网络，是若干有联系的点的组合；全域的面或片区作为整个全域的整体构成部分，是线条网络和点状组合的载体，是全区域和整体组合的概念。最终形成的网络化构架，使得全域形成一个紧密联系的有机整体。三个层次和一个网络化构架共同构建全域风景化的空间联系网络。

对于某一个地域（如市域或县域）而言，可以分成构成全域风景的几大组成片区，根据每个片区的资源条件、特色优势和景观肌理进行进一步划分，并与现有的主体景观或未来的景观塑造相结合，以一个或若干个景观主体为基点或核心，联合周边的景观要素形成一个个连续的不同空间尺度的风景景象，而景象又由其中的具体的景点和景区所组成。不同的景象之间可以通过线条网络进行连接和贯通。最后形成有机组合形成一幅幅不同的地域景观，实现全域化的连续的风景图景。

1. 点状要素：塑造全域风景基本单元

点是全域风景的基本构成单元（图 6-18）。全域风景包含着若干不同规模、不同尺度和不同特色的风景点。点状风景是全域风景的基本构成单元，是全域风景拓展并形成的基本组成细胞。从历史维度来划分，点状风景的塑造包括原有的风景点改造和新的风景点塑造。原有的风景点打造应注重挖掘潜力，凸显特色，新的风景点塑造则应注重延续传统、风格协调和功能互补。从横向类型维度来划分，根据风景特征及功能的不同可分为自然生态型、聚落村居型、生产景观型和文化风俗型等类型，如上所述，根据不同风景的要素构成及其特征要求，进行不同的针对性的风景塑造，并提出不同的空间打造策略。从空间等级维度来划分，可根据区位、规模和尺度的不同，分为不同的聚落层次，如对于县域全域而言，包括县城、新型住区、镇区、乡村等聚落类型（图6-18），构建匀称合理的聚落结构对于风景空间的打造具有重要意义，而且根据不同规模及空间尺度的风景塑造不同的风景图景，形成层次感丰富的、多样化全域风景图景。

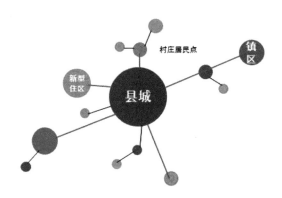

图6-18 基于不同聚落等级规模的全域（县域）风景层次构架

2. 线型要素：打造空间连续介质与界面

风景点的塑造是全域风景打造的基础，也是全域风景其他空间组织方式形成的重要前提。全域风景的空间实现除了体现在风景点以外，更重要的在于一种连续介质或界面的实现，即通过一种媒介或是风景要素本身，使风景点的组合在相应的组织空间里发挥作用，从而形成更具延展性、连续性和广域化的风景图景，以推动全域风景的形成。线的连接是一种较为常见的要素连接形式。风景要素的线状联结是指通过若干贯通线或风景线的连接，把若干散乱的相互间又存在某种相关性的风景要素进行联结，使其形成不同风景内涵构成的、具有某种共同性或有机融合特征的连续风景界面。

从前述线型要素与点状要素耦合关联度的分析来看，点状要素的价值是决定线型要素布局的重要因素。因此，在线型要素的空间串联和打造中，应通过点状要素资源调查、分析与评价，确定节点的大小，根据不同点状资源的功能定位，将其划分为不同层次；通过分层布局，在求得线型要素网的基本骨架后，逐层优化，使线型要素网由树状向网状扩展，最终得到较为合理的线型网络布局（图 6-19）。

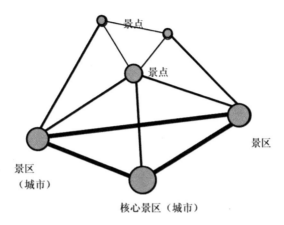

图 6-19　线型要素对点状要素的空间串联基本骨架示意图 [1]

（1）线型要素的功能等级划分

根据线型要素的出行期望值与所产量点状要素的吸引力大小，将线型要素划分为三个层次："城市枢纽－景区"级线型路径、"景区－景区"线型路径、"景区内部"线型路径（图 6-20、表 6-9）。

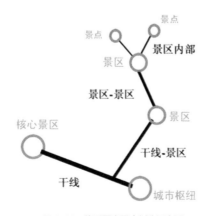

图 6-20　线型要素层次划分示意图

---

① 线路宽度代表出行期望量的大小；点状大小表示出行至该地区的吸引力大小。

线型要素路径功能分类一览 ①　　　　　　　表 6-9

功能分类		连接节点	服务对象	服务特征	等级	主要目的
城市枢纽—景区	干线	主要县市核心景区	旅行团自驾车	大容量；提供快速运输服务	高度；一级公路；干流水道	干线直达
	干线—景区	重要景区	旅行团自驾车	大容量；提供快速运输服务	一、二级公路；支流水道；慢行系统	干线衔接
景区—景区		中小景区	旅行团自驾车自行车	较大容量；兼顾速度与景观	二、三级公路；支流水道；慢行系统	景区成网
景区内部		小景区、景点	点评车自行车徒步车	清洁能源；慢速	三、四级公路；支流水道；慢行系统	景点连通

"城市枢纽—景区"级线型路径：目的在于实现核心点状要素资源的路径直达，功能侧重于通行功能，以及重要点状要素资源所在地与路径的合理衔接，体现快速、便捷的接驳服务特性，它服务人群多、交通量大，技术等级高、所占总里程的比重少，辐射区域范围广，布局规划侧重于线型路径建设等级和网络系统的整体性布局，对布局的路线布设和走向不必进行过多的约束（表6-10）。

线型网路分层布局要素　　　　　　　表 6-10

布局层次	第一层次	第二层次	第三层次
功能分类	城市枢纽—景区	景区—景区	景区内部
节点层次	重要旅游资源	较重要旅游资源	一般旅游资源
布局目的	干线直达或干线衔接	景区成网	景点连通
布局重点	重点考虑重要点状要素资源与主要线型要素的衔接	重点考虑点状要素资源开发的需要	重点考虑点状要素资源的连通
说明	包括通往重要点状要素资源及连接国省干线的线型要素	包括点状要素资源开发效益明显的线型要素	打通具备开发条件的点状要素资源，保证线型要素的连通

"景区—景区"线型路径：联结系统规划的重要内容，对于此层次的线型要素布局来讲，主要路径及其至景区的走向与长度是一个已知的先决条件，由上一层次的路网布局所决定。因此，"景区—景区"线型路径的布局要在主要路径网的基

————————
① 路段具体技术等级视情况灵活处理。

础上，按照点状要素资源的分布情况拟定主要路径的走向，优化出连接各点状要素资源的线路，再根据点状要素的功能和主次，以及路径重要度，确定路径等级结构配置；同时，"景区—景区"线型路径布局的主要任务是连接各点状要素资源，完成点状要素资源间的集散，所以在"景区—景区"线型路径布局中应当本着"保证有效连通，经济效益最佳"的原则合理确定线型路径规模，科学安排其布局和主要路线走向。

　　"景区内部"线型路径：布局方法较为简单，一般的直线连接法就能满足需要。直线连接法又称专家经验法，由熟悉规划区域交通情况和旅游资源现状的专家，在分析确定规划区域内旅游资源价值的基础上，初定方案，然后进行深入调研、踏勘，征求意见，形成景区内部路径布局的规划方案。

　　（2）线型要素的功能类型划分

　　根据乡村风景要素的类型构成，可以按同质贯穿的风景线划分为自然生态风景线、幸福民居风景线和低碳生产风景线三种类型，不同的风景线代表着不用的风景要素主题，而且不同的风景线根据要素又可以细分为不同的连续的风景线，如以山体、水体和步行道等为不同主题的自然风景线（图6-21）。同时，不同的风景线之间可以相互穿插和渗透，不同主题之间能够相互交流、融合和协调，使其风景界面更加丰富多彩。无论是同质性的风景线延续还是异质的风景线之间的交叠，其自身要素的风景转化均应当体现全域风景要素转型的根本导向准则，使其形成一种连续的均质化的风景连续界面或风景点集合。

图 6-21　不同类型的线型要素布局示意

　　（3）线型要素的风景塑造策略

　　亲景策略：通过游览线路的营造、组织和策划等，克服人与景之间的隔断或远离，加强人与自然城乡景观的接触面（图6-22左图）。

造景策略：通过名镇名村示范村的建设，打造一批以乡村人文与自然生态为基础、具有浓郁岭南特色的景区与景观，丰富游览线路中的内容，增加层次感（图6-22右图）。

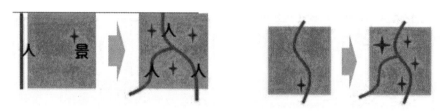

图6-22　亲景策略（左图）与造景策略（右图）示意

合景策略：结合风景的特点、类型及其所覆盖的区域范围，整合景观空间资源，使其在一定地域范围内形成片区的分布，提升综合品质，增强其多元性和观赏性（图6-23左图）。

联景策略：结合旅游景点和游览线路的设置与塑造，结合空间地域的景观分布，联结各个景点整合游览线路，使其在一定地域范围内形成连续的分布，提升风景的连贯性和整体性。联景策略强调不同风景的联结和融合（图6-23右图）。

图6-23　合景策略（左图）与联景策略（右图）示意

3. 片区要素：明确空间地域划分

全域风景打造不仅仅需要同质要素之间的连接及其所体现的连续性，从风景的视觉层面来看，风景是一种面域的景象构成，具有较为显著的地域性和视觉局限性。由此，特定区域或片区风景的组成显得尤为必要。片区打造是形成全域风景的直接构成部分，是基于类型特征或发展趋势的空间地域划分。片区打造有利于从可控性、操作性的规模范畴进行风景打造，并能够紧密结合地区的特色要求进行打造引导，且有利于增强风景的均质性和协调性。

片区的划分可以根据片区自然资源、经济社会发展、聚落空间、文化风俗等条件的差异性进行划分，使不同片区能够基于其主要的条件形成特色鲜明的风景片区特征。如从文化风俗层面来看，广东省乡村地域文化可以分为岭南文化乡村风景、客家文化乡村风景、潮汕文化乡村风景等，不同的文化渊源同时又能体现出不同的聚落风貌和经济特色，从而丰富了风景片区的特色构成。

4. 点、线、面要素全域整合：网络化构架

网络化构架是风景空间实现的高级实现形式，是在点状塑造、线状联结和片区打造基础上的全域性关联与整合。网络化构架注重从全域整体的角度进行风景要素的再塑造，依托于某种硬质环境（如山水体、道路、游览线等）或某种软环境（如产业的互动性），把点状要素、线状要素和面状要素通过不同的网络化方式，如格网状、树枝状、放射网状，把全域风景联结形成一个整体性的、相互间紧密结合的风景空间网络（图 6-24）。

在全域风景的网络化构架中，点状塑造、线状联结和片区打造均为网络化构架的组成部分。点状主要作为网络化构架的节点构成，线状则是网络化构架的线性联系、延续和支撑，而片区打造则是网络化构架的不同地域体现，是网络化构架的特征地域表述。

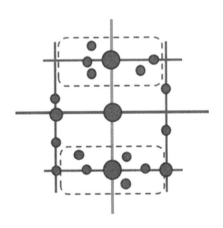

图 6-24　全域风景打造的网络化架构

6.5 "全域风景化"指标评价体系构建

6.5.1　指标划分及层次

本次"全域风景化"将指标评价体系划分为五大要素和四大层次，根据以上对于全域的分类，相应依次划分为自然要素、聚落要素、产业要素、文化要素和线性联接要素五大方面，并由大到小、由粗及细将指标评价体系划分为要素层、目标层、准则层和指标层，并对各个层次进行相应细分和赋值。

6.5.2　指标体系构建

根据上述对全域风景五大构成及影响要素（自然要素、聚落要素、产业要素、文化要素、线性联接要素）的定性阐述与定量指标分析，将能够衡量五大要素优劣性的重点指标进行层级深化分解和梳理整合，并赋予其相应的权重，从而构建出"全域风景化"构建的指标评价体系（表6-11）。

全域风景化指标评价体系一览 [①]　　　　　　表6-11

要素	目标层	准则层	指标层
自然要素	自然景观结构(0.333)	结构特征（0.60）	景观多样性（0.50）
			景观连通性（0.50）
		地表覆盖（0.40）	植被覆盖占比（0.75）
			土壤类型（0.25）
	自然景观功能(0.333)	生产功能（0.333）	作物产量（1.0）
		调节功能（0.333）	碳固定能力（0.25）
			土壤侵蚀控制（0.25）
			水土保持能力（0.25）
			养分调节能力（0.25）
		支持功能（0.333）	生物多样性维持（0.50）
			入侵物种控制（0.50）
	自然景观价值(0.333)	美学价值（1.0）	景观开阔性（0.25）
			景观自然性（0.25）
			景观整洁度（0.25）
			周期变化性（0.25）
聚落要素	聚落景观结构（0.50）	人工结构（1.0）	历史文化结构（0.60）
			乡村居民点/建筑物规模（0.40）
	聚落景观价值（0.50）	历史文化价值（0.50）	景观是否具有年代美（1.0）
		美学价值（0.50）	景观可视性（0.50）
			景观地域性（0.50）

① 括号数值为权重初步赋值，不同地区的"全域风景化"指标体系构建可以结合实际情况进行相应的简化和指标适当调整。

续表

要素	目标层	准则层		指标层
产业要素	农业景观质量（0.50）			美景度（0.14）
				特色性（0.14）
				整体性（0.08）
				环境质量（0.15）
				生态状况（0.17）
				环境耐受力（0.14）
				环境容量（0.13）
	低碳工业园区发展（0.50）	低碳产出体系（0.333）		碳强度（0.25）
				第三产业占 GDP 比重（0.25）
				单位工业增加值碳排放（0.25）
				单位土地面积碳排放（0.25）
		低碳资源体系（0.333）		水资源利用强度（0.25）
				森林覆盖率（0.25）
				建成区人均绿色面积（0.25）
				可再生能源比例（0.25）
		低碳生活指标（0.333）		新建绿色建筑（0.20）
				绿色出行比例（0.20）
				污水处理达标率（0.20）
				废弃物利用率（0.20）
				万人拥有公交车数（0.20）
文化要素	文化景观资源构成要素（1.0）	人文非物质景观资源（0.50）		文化价值（0.17）
				科学价值（0.09）
				艺术价值（0.09）
		人文硬物质景观资源（0.50）		参与性（0.22）
				安全性（0.24）
				适宜性（0.08）
				人性化（0.12）
线型联接要素	线型自身景观（0.109）	绿化（0.399）	中央分隔带（0.50）	绿化功能性（0.25）
				绿化美感度（0.75）
			路侧余宽（0.50）	绿化美感度（1.00）

要素	目标层	准则层		指标层
线型联接要素	线型自身景观（0.109）	边坡（0.168）		边坡与地貌的融合度（0.75）
				边坡防护形式美感度（0.25）
		桥梁、隧道（0.068）		优美度（0.142）
				特色性（0.429）
				与环境的协调程度（0.429）
		交通安全设施（0.199）		设施完备度（0.167）
				与环境的协调程度（0.833）
		其他设施（0.166）		设施完备度（0.09）
				特色性（0.455）
				与环境的协调程度（0.085）
	线型两侧自然景观（0.582）	地形、地貌（0.333）		自然度（0.09）
				丰富度（0.455）
				奇特度（0.455）
		植被（0.333）		自然度（0.085）
				观赏度（0.273）
				丰富度（0.273）
				珍稀度（0.273）
				覆盖率（0.085）
		水体（0.333）		观赏度（0.391）
				丰富度（0.391）
				水质状况（0.151）
				与线型要素的距离（0.067）
	线型两侧人文景观（0.309）	虚拟景观（0.188）		丰富度（0.50）
				历史文化科学艺术价值（0.50）
		具象景观（0.731）	居民点景观（0.333）	美感度（0.50）
				建筑特色（0.50）
			风景名胜区景观（0.333）	景区数量规模（0.50）
				景区影响力（0.50）
			其他具象景观（0.333）	美感度（0.25）
				与环境的协调程度（0.75）

续表

要素	目标层	准则层	指标层
线型 联接 要素	线型两侧人文 景观 （0.309）	道路建设影响 （0.081）	公众关注度（0.09）
			破坏度（0.455）
			易恢复性（0.455）

6.6 小结

　　"全域风景化"体现了新的发展环境和需求下的村镇新型发展模式选择。这种模式的选择既有区域发展的相关性（如佛冈对于珠三角而言的作用和优势），又有自身自然景观及人文资源的独特性和优越性。结合对"全域风景化"思路理念的理解引导，以打造全域风景的空间图景为目标，以实现宜居宜业的村镇空间为根本出发点，通过对风景四大要素的空间营造和线性要素的联动，打造整体的全域风景，并通过一系列的指标体系对其规划建设进行引导、评估和保障。

参考文献

[1] 牛垠皓.全域旅游视角下的乡村片区空间布局优化探讨——以南郑县荑池—陈村—弥陀村片区为例 [J].建筑与文化，2019.

[2] 朱柳颖.基于城市慢生活方式下的昆明周边乡村的休闲农业景观研究 [D].昆明理工大学硕士论文，2010.

[3] 方冬哲.大都市干道两侧农地的景观提升的补偿模式 [D].湖北大学硕士论文，2013.

[4] 张东.怀来县农地景观生态服务评价研究 [D].河北农业大学硕士论文，2015.

[5] 侯冬畅.边角而非废料 [D].辽宁师范大学硕士论文，2017.

[6] 西村幸夫，张松.何谓风景规划 [J].中国园林，2006.

[7] 谢花林，刘黎明，龚丹.乡村景观美感效果评价指标体系及其模糊综合评判——以北京市海淀区温泉镇白家疃村为例 [J].中国园林，2003.

[8] 杨锐.中国园林，2010.

[9] 杨锐.中国风景园林学会 2009 年会论文集 [C].2009，09.

[10] 郑才斌.城市郊区的风景资源评价——以渝北区龙兴镇排花洞村为例 [J].

[11] 赵明霞.我国农村生态文明建设的制度建构研究 [D].河北工业大学博士论文，2016.

[12] 巫世芬，肖慧.打好"生态牌"走好"绿色路"——万安县绿色生态农业发展纪实 [J].江西农业，2017.

[13] 向剑凛，吴先勇，杨建林.特色、实用、适度——云南省实用性村庄规划工作编制探索 [J].小城镇建设，2017.

[14] 朱鹏程，李红波.基于村民感知的江南乡村意象研究 [J].湖北农业科学，2017.

[15] 莫平，敏明，刘柿良，张可，任波，陶建军.中国当代景观生态学研究进展及展望 [J].四川林勘设计，2016.

[16] 刘可东.合肥市景观空间格局分析及其应用研究 [D].安徽农业大学硕士论文，2007.

[17] 何东进.武夷山风景名胜区景观格局动态及其环境分析 [D].东北林业大学博士论文，2004.

[18] 刘琴，王金霞.景观生态学在旅游规划中的应用 [J].环境科学与管理，2006.

[19] 吴永红.基于景观生态学的风景区保护性规划 [D].兰州大学硕士论文，2007.

[20] 李艳秋，申瑞玲，高鹏.景观生态学在农业景观生态规划和设计中的应用 [J].北方环境，2010.

[21] 齐童，王亚娟，王卫华.国际视觉景观研究评述 [J].地理科学进展，2013.

[22] 韩非，蔡建明.我国半城市化地区乡村聚落的形态演变与重建 [J].地理研究，2011.

[23] 黄璋琦.新农村建设中的村镇规划研究进展 [J].广东科技，2012.

[24] 段亚琼，侯全华.文化传承视角下的乡村旅游特色塑造研究——以空港新城庙店优美小镇规划为例 [J].华中建筑，2013.

[25] 本刊编辑部.专家视点：新农村建设不是单纯的新村庄建设 [J].小城镇建设，2007.

[26] 唐环.农村社区化建设的深层次因素分析 [J].山东农业大学学报（社会科学版），2013.

[27] 贾莉.新农村建设中的村镇规划研究进展 [J].广东农业科学，2009.

[28] 张连立.新农村规划中的特色探讨 [D].西安建筑科技大学硕士论文，2010.

[29] 仇保兴.编制历史名镇规划的"六原则"[J].中华建设，2009.

[30] 杨豪中，张鸽娟."改造式"新农村建设中的文化传承研究——以陕西省丹凤县棣花镇为例 [J].建筑学报，2011.

[31] 李越群.朱艳莉.周建华.新农村建设中地域性景观的营造 [J].西南农业大学学报（社会科学版），2009.

[32] 王竹,范理杨,陈宗炎.新乡村"生态人居"模式研究——以中国江南地区乡村为例 [J].建筑学报，2011.

[33] 罗俊.情与景的交融——论新农村建设进程中的环境艺术设计 [J].大众文艺，2011.

[34] 李荣刚.陈新和.李国平.浦杏琴.许征新.江苏乡村清洁工程与新农村建设 [J].农业环境与发展，2007.

[35] 王建康.科学发展视阈下我国新型城镇化发展模式研究 [J].中共宁波市委党校学报，2011.

[36] 仇保兴.科学规划，认真践行新型城镇化战略 [J].规划师，2010.

[37] 张洁云.城乡一体视野下的新型城镇化问题研究——以江苏省南通市通州区为例 [J].南通纺织职业技术学院学报，2011.

[38] 潘海生."就地城镇化"：一条新型的城镇化道路——关于浙江省小城镇建设的调查与思考 [J].中国乡镇企业，2010.

[39] 程必定.新市镇：中国县域新型城镇化的空间实现载体 [J].发展研究，2011.

[40] 唐景明.从成都温江区建设现代村庄看如何走新型城镇化道路 [J].资源与人居环境，2011.

[41] 柯珍堂.新农村建设背景下欠发达地区乡村旅游发展探讨——以湖北省黄冈市为例[J].生态经济，2011.

[42] 郑燕，李庆雷.新形势下乡村旅游发展模式创新研究 [J].安徽农业科学，2011.

[43] 王英利，梁圣蓉，陈为忠.新农村建设背景下乡村旅游空间组织类型及其建设 [J].农业现代化研究，2008.

[44] 吕达仁.新农村规划建设模式探讨 [D].河北农业大学硕士论文，2011.

[45] 李文荣，陈建伟.城乡等值化的理论剖析及实践启示 [J].城市问题，2012.

[46] 陈轶，朱力，张纯.城乡统筹的国际经验借鉴及其对我国的启示 [J].安徽农业科学，2014.

[47] 张晴，罗其友，刘李峰.国外城乡统筹发展的做法与经验 [J].中国农业资源与区划，2009.

[48] 江国逊，沈山.空心化村庄研究进展与展望 [J].安徽农业科学，2011.

[49] 吕达仁.新农村规划建设模式探讨 [D].河北农业大学硕士论文，2011.

[50] 石玲玲.浙江省现代乡村植物景观营造研究 [D].浙江农林大学硕士论文，2010.

[51] 王国恩，杨康，毛志强.展现乡村价值的社区营造——日本魅力乡村建设的经验 [J].城市发展研究，2016.

[52] 建设部赴日村镇建设考察团.建设部村镇建设代表团赴日考察交流 [J].小城镇建设，2005.

[53] 张永强，郭翔宇，秦智伟.日本"一村一品"运动及其对我国新农村建设的启示 [J].东北农业大学学报（社会科学版），2007.

[54] 周静敏，惠丝思，薛思雯，丁凡，刘璟.文化风景的活力蔓延——日本新农村建设的振兴潮流 [J].建筑学报，2011.

[55] 黄金国.我国村镇建设管理的探索与实践研究 [D].中南大学硕士论文，2010.

[56] 陈春英.富有特色的日本农村建设 [J].城乡建设，2005.

[57] 张永强，郭翔宇，秦智伟.日本"一村一品"运动及其对我国新农村建设的启示 [J].东北农业大学学报（社会科学版），2007.

[58] 范宁.苏南新农村乡村聚落绿化模式研究 [D].南京林业大学硕士论文，2009.

[59] 安虎森，高正伍.韩国新农村运动对中国新农村建设的启示 [J].社会科学辑刊，2010.

[60] 张利庠，缪向华.韩国、日本经验对我国社会主义新农村建设的启示 [J].生产力研究，2006.

[61] 王骏.韩国新村运动的经验及对我国建设社会主义新农村的启示 [J].探索，2006.

[62] 黄建伟，江芳成.韩国政府"新村运动"的管理经验及对我国新农村建设的启示 [J].理论导刊，2009.

[63] 董立彬.我国新农村建设的思考——基于韩国新村运动的经验 [J].农业经济，2008.

[64] 赵一夫，任爱荣.台湾农村建设新政的特点与启示 [J].新重庆，2015.

[65] 吴寿康.借鉴台湾经验，打造梅州特色乡村 [J].梅州日报，2014.

[66] 骆敏，李伟娟，沈琴.论城乡一体化背景下的美丽乡村建设 [J].太原城市职业技术学院学报，2012.

[67] 苟民欣，周建华.基于生态文明理念的美丽乡村建设"安吉模式"探究 [J].林业调查

规划，2017.

[68] 杨晓蔚.安吉县"中国美丽乡村"建设的实践与启示[J].政策瞭望，2012.

[69] 李松志，张贵霞.乡村旅游发展对乡村景观变迁的影响研究——以江西婺源县为例[J].江苏商论，2010.

[70] 文翠玉.乡村旅游区域农村居民点用地复垦设计研究[D].江西农业大学硕士论文，2012.

[71] 贺瑞虎.村美民富话和谐——江西省婺源县建设最美乡村之路的探索与实践[J].今日国土，2009.

[72] 吴其付，陈静.大地景观营造与节点设计——以汶川县为例[J].电子科技大学学报（社科版），2015.

[73] 刘伟，黄平国."全域景区"的汶川魅力[J].四川日报，2012.

[74] 李璐，李红梅.试析灾害事件对四川旅游业的影响及对策——以汶川地震为例[J].中国商界（上半月），2010.

[75] 闫鸿飞，许坚，张二震.苏南全面建设小康社会经济进程与路径分析[J].江苏社会科学，2006.

[76] 姚亦锋.江苏省地理景观与美丽乡村建构研究[J].人文地理，2015.

[77] 四川河北新型城镇化&昆明全域城镇化[J].领导决策信息，2011.

[78] 王小玲，曹小佳.四川眉山绘就全域生态化坐标[J].西部时报，2012.

[79] 王小玲，曹小佳.全域生态化坐标怎么画？[N].中国环境报，2012.

[80] 汪洋.加快转型升级 建设幸福广东[N].南方日报，2011.

[81] 黄志钦.珠三角产业集群发展及其对广西的借鉴[D].广西师范学院硕士论文，2010.

[82] 朱澍.基于绿色基础设施的广佛地区城镇发展概念规划初步研究[D].华南理工大学硕士论文，2011.

[83] 刘甜田，叶喜.美丽乡村生态景观建设研究[J].绿色科技，2016.

[84] 梅海，蒋鸿昆.道路生态绿化研究[J].科技信息（科学教研），2007.

[85] 李阿萌，张京祥.城乡基本公共服务设施均等化研究评述及展望[J].规划师，2011.

[86] 于兰岭.农业观光园景观资源评价与景观营造研究[D].山东农业大学博士论文，2016.

[87] 王俊涛.乡镇政府在新农村建设进程中的作用探析[J].中共济南市委党校学报，2011.

[88] 王国恩，杨康，毛志强.展现乡村价值的社区营造——日本魅力乡村建设的经验[J].城市发展研究，2016.

[89] 成贝贝，汪鹏，赵黛青，陈砺.低碳工业园区规划方法和评价指标体系研究[J].生态经济，2013.

[90]　邓钊 . 大理历史文化名村景观资源评价及规划策略研究 [J]. 西南大学硕士论文，
　　　2018.

[91]　甶雨佳　基于旅游资源学视角的旅游公路网布局理论与方法研究 [D]. 长安大学博士论
　　　文，2012.